日本人の9割が知らない
遺伝の真実

安藤寿康

SB新書
370

はじめに

最初にお断りしますが、これは当たり前のことを当たり前に書いた本です。ですから、本書のタイトルに騙されて、ぜんぜん知らないことが書かれていると思った人は読むのをやめた方がいいでしょう。

だったらなんでこんなタイトルの本を書いたのか。それは、みなさんがうすうす当たり前と感じながら、それに科学的な根拠があることがあまり知らされていないので、それがほんとうに科学的に当たり前であることを伝えたかったから。

それはたとえばこんなことです。

才能には遺伝がかかわっていること、収入にも遺伝がかかわっていること、才能に気づき育てるには経験と教育が必要であること、しかしそれはいまの学校教育の中で必ずしもできるわけではないこと、それは知能や学力に遺伝の影響が大きいからだということ、学校は遺伝的な能力の個人差を顕在化させるところだということ、でもこの世の中は学力がすべてではないこと、学力とは異なる遺伝的才能を生かした人たちでこの世界は成り立っていること、才能のないところで努力してもムダだということ……。

世界はしばしば厳しくて理不尽だけれど、案外捨てたものではありません。その理由はたった二行で説明できます。

ひとは幸福になるようにデザインされているわけではないけれど、現実には幸福を感じて生きている人もたくさんいる。それは遺伝的才能を生かす道がこの社会にひそんでいるから。

この本を支えている科学的根拠は行動遺伝学という、まだあまり世間では知られていない学問です。それは見えにくい能力や性格への遺伝の影響を明らかにする科学ですから、ときには不愉快な真実を明らかにすることもありますし、それが世間一般にいわれていることに反することもあります。しかしエビデンス（証拠）がそれを真実だと示した以上、それを前提として認めたうえで、幸福を感じられるように、いまある社会の人的・物的・情報的資源を利用し、そして多くの人が幸福を感じられるように社会を変えていかざるをえません。

私は行動遺伝学者であると同時に教育心理学者でもあり、最近は「進化教育学」という新しい看板も掲げはじめていますので、この本は教育についても多くのことを語っています。期待と理想と裏切りに満ちた教育を、遺伝や進化といった生命科学の目で科学的に見直してみるとどうなるか。それがわれわれ自身の生き方や社会のあり方についての理解をどのくらい深めてくれるのか、そして少しでもましな未来像を描けるか、それをこの本で試みてみました。

ごいっしょに考えていただければ幸いです。

日本人の9割が知らない遺伝の真実／目次

第3章　心の遺伝を調べる……59

第4章　遺伝の影響をどう考えるか……85

第5章　あるべき教育の形……139

第1章

不条理な世界

「かけっこ王国」の物語

あるところに「かけっこ王国」と呼ばれる小さな国があります。

ちょっと変な名前ですが、それはこの国が「かけっこ」によって成り立っているから。

むかしむかし、大きな戦に巻き込まれたこの国は、足の速い1人の勇者によって救われました。細かい事情は不明ですが、この勇者が伝令となり部隊の間を走り回って命令を伝えたことによって、この国の軍隊は敵の侵略を防ぐことができたのだそうです。救国の英雄はやがて王となり、彼の治めるこの国は長く繁栄することになったのです。めでたし、めでたし。

そういうわけで、この国では短距離走に強い人がりっぱな人、優秀な人と考えられるようになりました。

年に1回、18歳になった国中の男、女は競技場に集まり、「かけっこ」で勝負します。

ルールは極めてシンプルです。「よーい、どん」でスタートして100メートル走り、そのタイムによって順位が決まります。

かけっこが速い人ほど、その後の進路を自由に選ぶことができます。

脚の速さを活かしてそのままプロのランナーになる人もいます。短距離走ではなくてもマラソンに転向する人もいますし、走り幅跳びや棒高跳びに転向する人も。走ることとはあまり関係のない競技を選ぶ人もいて、ハンマー投げや円盤投げなどの投擲《とうてき》はまあ陸上競技つながりでわからなくもないですが、格闘家を目指す人もいますし、野球やバスケットボールのチーム競技を始める人も少なくないのです。

でも、かけっこで上位10％に入る優秀な成績を収めた人の多くは、スポーツの道には進みません。この人たちは官僚や研究者、経営者を養成するための特別な学校に進むことを許されます。その学校でもさらにかけっこで優秀な成績を挙げた人は、官僚となって国を支えたり、科学者となって未知の現象を研究したり、大きな会社に入ってビジネスパーソンとして働いたりします。かけっこの速い人は、とても選択肢が多いんですね。

それにしてもなぜかけっこの能力だけで、そんなにいろんな仕事の能力をみきわめられると思われているのでしょう？　それはかけっこの能力が、それ以外のいろんな能力の目印になると考えられているからです。かけっこ王国で高い社会的地位に就いている人は、「かけっこが速い人は、辛いトレーニングにも耐える精神力がある」とか「よーいどんの合図にすばやく反応できる人は、どんな仕事を任せても安心できる」などと、かけっこを判定基準にすることの意義を強調します。なるほど、そういわれればそんな気がしてきますね。一芸に秀でている人は、きっとほかのことでも人並み以上に優れているにちがいありません。

家柄やコネとは関係なく、かけっこですべてが決まる仕組みはとても明快です。上流階級に行きたければ、短距離走で優秀な成績を収めればよいのですから。その大きな戦の前は、この国では家柄だけで将来が決められていました。お百姓さんの家に生まれたら、子どもはいくらかけっこが速くてもお百姓さんにしかなれませんでした。殿さまの家に生まれれば、どんなにかけっこが遅くてもいずれ殿さまになれます。そういうのはひそかにバカ殿と呼ばれ、その政治の下で人々は不平等に苦しんでいました。それがいまや誰でもかけっこの能力さえ優れていることを示すことができれば、好きな仕事を選ぶことができ、豊かになることができるのです。誰もがいまの世の中を正しいと思うようになりました。

では、18歳のときにかけっこで遅かった人はどうでしょうか。子どもの頃にマラソンが大の得意で、将来もマラソンランナーになりたいと思っていた人も、途中でちょっとほかのことに興味が出て寄り道してしまい（なにしろ若いころはいろいろ誘惑が多いですからね）、かけっこのトレーニングをなまけたために、18歳のかけっこで勝てなければ、才能なしとレッテルを貼られ、専門のトレーニングは受けづらくなります。それでも、自分なりにトレーニングを積んでマラソンランナーとしてのし上がってくる人もいることはいますが、その道は厳しいものになります。

大変なのは研究者などになりたいと思っていた人たち。運動が苦手でも、研究者養成学校に進むためにかけっこの猛特訓をして少しでもよい成績を挙げようとします。それでみごと夢をかなえられる人もいますが、たいがいの人はかけっこがダメなんだから自分には研究者の素質はないんだ、どうせなにをやってもダメな人間なんだと思い込むようになり、自分からあきらめて、18歳のときかけっこが速かった人たちに対して、一生のあいだ劣等感を抱きつづけながら人生を歩むことになります。

はたして、かけっこ王国の未来はどうなっていくのでしょうか――。

生まれつきの才能で決まる不条理

かけっこ王国の物語はいかがでしたか？　たいていの方は、こんな仕組みは不条理だと思われたのではないでしょうか。

「マラソンが得意な人を、短距離のかけっこで選別するのはおかしくないだろうか」

「学問の得意不得意と、かけっこは無関係では」

「かけっこが苦手だって、学問や商売や音楽の得意な人はいるのでは」

「男と女でかけっこをしたら、たいていは男の方が速いのでは」

「短距離走の得意、不得意は、生まれつきの才能があるのでは」

世の中にはさまざまな才能があります。例えば料理の才能。そこにも包丁さばきの才能、味付けの才能、美しく盛り付ける才能……さまざまな才能がかかわっています。さらに料理の素材となる野菜を上手につくる才能、野菜をつくるために便利な農具をつくる才能、とれた野菜を市場で売りさばく才能、市場で買った野菜を安全に清潔に料理人のもとに届ける才能、作った料理を気持ちよくお客さんの前に出す才能……。料理に加えるひとつまみの塩にも、それが盛り付けられた器にも、あなたの目の前にある料理のひと皿の背後に、いったいどれだけの人たちのどれだけの才能がつぎこまれていることでしょう。

その才能を発揮してくれた人たちの中には、18歳のときのかけっこでいい成績を出せなかった人たちもたくさんいます。その人たちがそれぞれの場で、かけっことは違ういろいろな才能を磨いてくれたからこそ、いまその料理をおいしく、気持ちよく食べることができるのでした。しかし、かけっこ王国の多くの人たちはそのことに気づかずに、その料理を何気なしに食べています。そして依然として、かけっこが速いことがいちばんすぐれた才能なのだと信じています。ですから実際においしい料理をつくる人やおいしい野菜をつくる人が目の前にいても、それをつくった人が18歳のときにかけっこの成績が悪かったと聞くと、なぁんだ、かけっこが遅いから料理をつくってるんだ、野菜をつくる人はかけっこが遅い劣った人なんだと、ひそかに馬鹿にするようになってしまっているのです。

誰でもクラウチングスタートの仕方を教われれば、それを教わらない人よりもいい成績を出せるようになります。だからといって、みんなが同じようにクラウチングスタートを学べば、同じように成績が上がるとは限りません。そこに「生まれつきの才能」があるということは、薄々みなさんも感じていることでしょう。走ることについていえば、持久力を担う遅筋線維《ちきんせんい》と瞬発力を担う速筋繊維《そっきんせんい》の混在率は、かなりの部分が遺伝で決まることがわかってきています。速く走るのに適した骨格や呼吸器系の機能も関わっているでしょう。そこにもやはり持って生まれた条件は少なくなさそうです。

しかしかけっこ王国では、そういってしまってはみんなの希望がなくなるので、かけっこの能力に遺伝は関係ないとされています。そのかわりこんな風にいわれています。

「かけっこの能力が遺伝だけですべてが決まるわけではない。かけっこは遅筋線維と速筋繊維の混在率だけではなく、集中力や厳しい訓練に耐える能力など、意識の持ちようや工夫次第で変わる部分がたくさんある。また同じかけっこの能力といっても、それぞれの競技によって「優秀」の定義は異なる。同じ足の速さがものをいう競技でも、野球やサッカーではチームプレーをするうえで協調性が重要になってくるし、長距離を走りぬかねばならないマラソンではペース配分を考える力が勝敗を分けるだろう。コートを前後左右素早く走らねばならないテニスでは、足の速さ以外にもサーブを正確に打つ能力や相手の動きを瞬時に判断する能力での優秀さが問われる。だからまずはすべての基本となるかけっこの能力を最大限伸ばしてから、自分の素質にあった競技を選べばいいのだ。かけっこの練習はいつからやったらいいのかだって？　今でしょ！」

　だから子どものころからかけっこ塾が大はやりです。なにしろ、クラウチングスタートのコツを上手なコーチから教わると、早く走れるようになった気がしますからね。

　ただこの国では不思議なことに、ほとんどのひとは社会の中の居場所が決まると、一部の人を除いて、みんなかけっこをしなくなってしまうのだそうです。かけっこが速いことがそんなにすばらしいといわれているのに、いったいなぜかと問われると、子どものころからかけっこで競争することに疲れてしまい、うんざりしてしまったからなのだそうです。これはちょっとやばくないでしょうか。

　運動能力や体格といった事柄について、かけっこ王国の住人ではない私たちは「生まれつき」「遺伝」といった概念を自然に受け入れています。誰もがオリンピックに出場するトップアスリートになれるとは思っていないでしょう。それでも、めいめい年齢や自分の好みに合ったやり方で、いつまでも気持ちよくランニングやスポーツを楽しんでいる人たちがたくさんいます。私たちはなんて幸せな世界に住んでいることでしょう。

　生まれながらの差があるにもかかわらず、短距離走の成績によって社会的な地位が決まってくる。しかも、進路が短距離走の能力とはあまり関係がなさそう人に対してもその基準が適用される。そのあたりが、たとえ家柄やコネで決まるよりはマシだとしても、かけっこ王国の仕組みを不条理に感じる理由だと思います。

かけっこで決めるのはそんなに悪くないという人でも、身長で社会階層が決まる「のっぽ王国」があったら、さすがに文句をつけたくなるのではないでしょうか。のっぽ王国で自分の身長が低かったらどうかなるかを想像してみてください。「自分の背が低いのは自分のせいじゃないのに不平等だ」。そう愚痴ることでしょう。

悪名高い優生学

運動能力や体格といった事柄については遺伝の影響があることを受け入れている私たちですが、知能や性格といった「心」について論じようとすると、途端にややこしい問題に直面することになります。

「知能は遺伝する」といわれれば、多くの人は「親の頭がよくないと、子どもは勉強をしてもムダなのか」と感じて心穏やかではいられないでしょうし、逆に一部の人は強い優越感を持つかもしれません。

知能の遺伝と聞いて、悪名高い「優生学《ゆうせいがく》」を連想する人も多いでしょう。

1822年に生まれたフランシス・ゴールトンは、進化論で知られるチャールズ・ダーウィンの親戚です。ゴールトンは、ダーウィンの進化論などに影響を受けて優生学を唱えました。天才や才能といったものは遺伝する、そして人間の文明が本来であれば自然淘汰されたはずの弱者を保護しているというのです。

こうしたゴールトンの優生学を、人種政策の正当性を主張するために取り入れたのが、ナチス・ドイツのアドルフ・ヒトラーでした。ヒトラーは、アーリア人こそが遺伝的に優れた人種であると考え、「劣等人種であるユダヤ人」や精神病、遺伝病の人々を血統から取り除くべきだと考えるようになります。ナチスの優生政策があの恐るべきホロコーストにつながっていったのはご存じの通りです。

ナチスによる社会政策の理論的背景になったことで、優生学は「人権」をおとしめる危険な思想であるというレッテルを貼られることになりました。

しかし、第二次世界大戦後も優生学を連想させる知能についての研究は、多くの研究者によって行われ、しばしば物議を醸《かも》してきました。

イギリスの高名な心理学者サー・シリル・バートという人は、双生児の知能検査の研究データを1955年、1958年、1966年の3度に渡って少しずつ数を増やしながら発表しました。そして別々に育てられたとしても一卵性双生児の形質は、いっしょに育てられたきょうだいや二卵性双生児のそれよりも圧倒的に類似性が高い。つまり、心理的な形質は遺伝的な要因によるところが大きいと主張したのです。

バートの死後、データの捏造《ねつぞう》疑惑が持ち上がりました。3度にわたってデータを追加したにもかかわらず、類似の度合いを示す相関係数が小数点第3位まで一致していたことや、共同研究者がなかなかみつからなかったところから、バートの研究の信頼性は失墜。テレビや新聞などのメディアも、有名な心理学者による捏造として大きく報道したことにより、知能の遺伝は怪しいという印象が世間に広がりました。

その後、ロバート・ジョインソンとロナルド・フレッチャーは別々に「バート事件」を調査し、「バートによるデータ捏造の客観的な根拠はなく、事件はメディアによって不当に誇張されている」と結論づけています。しかし今でも知能の遺伝に触れたくない多くの人たちは、バートはデータ捏造をしたと信じているようです。

優生学をめぐる騒動は、これだけに留まりません。

アメリカの行動学者リチャード・ハーンスタインは、1973年の『IQと競争社会』において、知能が遺伝する以上、環境を平等にしても逆に遺伝的な差異が広がると主張。ハーンスタインとチャールズ・マレーが1994年に書いた『ベルカーヴ』では、知能の優劣によってアメリカ社会が階層化されていることを膨大なデータを使って論じています。

この本は、白人と黒人の知能の差は遺伝的なものであるため、黒人の進学などを優遇するアファーマティブ・アクション（人種宥和《ゆうわ》政策）や、恵まれない子どもへの教育投資は打ち切るべきといった差別主義を主張していると批判されました。

こんな主張は自由と平等をうたうアメリカでは毛嫌いされると思いきや、5センチほどの分厚い本にもかかわらずベストセラーになりました。この本の焦点は人種差でも知能遺伝説でもなく、むしろ人種に関わらず知能が階層差と関係していることは事実なので、人種でアファーマティヴアクションをしても効果はない、知能の差はなかなか変えられないものなのに、社会はどんどん知能重視になり知的エリートに有利になっている、だから知能の低い人も生きやすい社会をみんなでつくろうと論じているのですが、ベストセラーを買っても本棚に置いただけで安心した人が多かったのか、その真意はあまり伝わっていないようです。「知能が低い人」がいることを認めること自体が受け入れがたかったのかもしれません。

2016年秋のアメリカ大統領選での驚愕のドナルド・トランプ当選が、「知的エリート層」ばかり優遇するこれまでの政権に対する反逆だという分析が一部でなされているようです。アメリカ社会の根深い階層問題の根底に横たわっている抑圧された人々の意識、いくら頭でっかちのきれいごとの政策をしても救われない現実をいやというほど味わされた人々の本音が、オセロゲームのように世界を反転させた思いがしました。ここに「知能の高低」や「遺伝」の話を持ち込むことは明らかに政治的に不適切です。しかしひょっとしたらアメリカも一種の「かけっこ王国」として突っ走ってきた挙句、かけっこに負けて理不尽な不平等に苦しんでいる人たちによって、かけっこ王国の価値観にNOをつきつけられたのかもしれません。

進化生物学者のスティーヴン・J・グールドは、バートからハーンスタイン、マレーに至る知能をめぐる議論に対して、『人間の測りまちがい』というこれまた分厚いむずかしい本を書いて徹底的に反論を加えています。そもそもIQ、知能指数などというのは統計学によって人工的につくられた、実体のない概念だというのです。いわば「野球の打率も市場の株価平均も、数値をこねくり回してつくった意味のない数字で、野球選手の実力や経済状況の実態とは無関係だ」といっているようなものです。この主張自体、統計学者が読んだらトンデモ本のはずなのですが、政治的に心地よい主張につながるので、これまたあまり読まれないまま、こちらは賞賛されているようです。

「人間は生まれながらにして平等であり、すべての才能は環境によって決定される」という考え方は、とても魅力的で美しく聞こえます。優生学に対する批判は、「遺伝的な優劣によって人間を差別しようとしている」ことに対する義憤《ぎふん》から来ているのは確かでしょう。この義憤は私も正しいと思います。それは科学の問題ではなく人倫の問題です。また私自身にも遺伝的に劣っているところがいろいろあるので、自分がそれを理由に差別される側に回ったときの恐れからも、遺伝による差別を学問的に正当化することには断固対抗します。

これに対抗する最も強力な方法は、「遺伝の影響はない」と主張することでしょう。遺伝など関係ないことを前提とすれば、環境を平等に整えることで、すべて丸く収まります。環境の差別だけを糾弾すればいいのです。

ではもしその前提が崩れ、知能を始めとした才能が遺伝によって大きな影響を受けることがわかったら、どうでしょうか？　遺伝的な差異があるなら、差別してもよいということになるのでしょうか？　それこそまさに優生思想に繋がりかねない危うさを感じます。

遺伝の影響を実証的に調べる行動遺伝学

私自身は元々、強固な環境論者でした。「才能は生まれつきではない」「人は環境の子なり」をスローガンにしたヴァイオリンの早期教育、スズキメソッドの創始者鈴木鎮一《しんいち》氏の思想に深く傾倒し、教育学の卒業論文テーマに選んだほどです。

環境によって人間はつくられるということを科学的に示そうと、私は１９８１年に大学院へと進学しました。そして遺伝と環境の問題について、双生児や養子の膨大なデータに基づいて分析を行う「行動遺伝学」と出あうことになりました。

「人間の才能が環境によって決定される」というのであれば、科学者はそれをデータによって実証的に示さなければなりません。こうあってほしいという期待に基づいて、遺伝の影響を軽視し、環境の影響を重視するというのは、科学的な態度とはいえず、イデオロギーに過ぎないからです。

遺伝と環境の影響を分離して実証的にその大きさを示すことのできる行動遺伝学は、まさにこの問題にイデオロギーや先入観なしに科学的な態度で臨むことのできる理論と方法を持っていました。この方法ならば、遺伝によらない能力、環境によって決まる能力があることを証明することができるはずです。

こうして来る日も来る日も行動遺伝学の研究論文を読み進めていくうち、人間のほとんどすべての心理的側面には遺伝が無視することのできない大きな影響を与えていることがわかってきました。自分で双生児のデータを集めて調べてみても、同じ結論に至りました。そして気づかされたわけです。人間も遺伝子の産物であり、顔や形が遺伝子の影響を受けているのだから、能力も同じように遺伝子の影響を受けるのは当たり前のことじゃないか、と。

そうです。「知能は遺伝の影響を受けている」のは、かけっこの能力が遺伝の影響を受けているのと同じように、当たり前のことなのです。それは本来センセーショナルな言い方でもなんでもないはずです。

しかし、この知見は誤解を招くため、取り扱いに注意を要します。

「知能は遺伝する」というと、「親がバカなら、勉強してもムダ」、「遺伝の影響は一生変わらない」、「才能は遺伝ですべて決まってしまう」――そう思い込んでしまう人がいますが、これらはすべて誤解です。

最近、橘玲《たちばなあきら》氏の書かれた『言ってはいけない　残酷すぎる真実』という本がベストセラーになりました。行動遺伝学と進化心理学の知見をふまえて、『ベルカーブ』と同じように現代社会の格差や不平等の根底に生物学的な根拠があることを、『ベルカーブ』ほど分厚くない新書の形でわかりやすく描いています。

この本を読んだ人は少なからず、遺伝の影響の大きさを知ってショックを受けているようです。知り合いにもこれを読んだ人たちがたくさんいました。その中で私の書いた本もそのエビデンスを示しているものとして紹介されていましたので、「あれって本当なんですか、やばくないですか」と心配してくれました。

その心配には、このように答えねばなりません。

「本当です。そのことを知らないと、もっとやばいです」

橘さんがおっしゃりたいのも同じことだと思います。「かけっこ王国」のお話を読んだ読者は、そのやばさをうすうす感じていることでしょう。

行動遺伝学のもたらす知見とは、遺伝的な差異によって人を差別するためのものではありませんし、人の才能がすべて遺伝で決まるといっているのではありません。

私たちは、行動遺伝学が導き出した知見とどうやって付き合っていくべきなのか。本書ではそれを明らかにしていきます。

第2章 知能や性格とは何か？

知能を計測する知能検査

「知能が遺伝する」ことを説明する前に、そもそも知能とは何なのかについて述べることにしましょう。

心理学の教科書を見ると、知能とは「問題解決能力」、「観察した事柄から法則性を抽出し、それを別の事柄に適用する論理的な能力」などと説明されています。何となくわかったような気がしますが、では具体的にどのような能力かといわれると答えに窮《きゅう》してしまいます。

心理学の分野では、「頭のよさ」をいかにして定量的に計測するかが大きな課題であり、そのために試行錯誤が繰り返されてきました。19世紀には、知能を構成する要素を抽出し、それらの要素を実験で計測するということが行われていました。

感覚の鋭敏さは、知能を構成する要素の1つではないか。では、ノギス（長さを精密に測定する測定器）を腕に押し当てて、どれくらい開けば、別々の2点と判別できるか計測しよう。刺激への反応の速さも、知能の構成要素ではないか。では、被験者に何らかの刺激を与えて、それに対してどれくらいの時間で反応するかを計測しよう……。

このような試験がたくさん考案されましたが、これらによって世の中で実際に「頭がいい」とされている人の能力が測定できているとはとても思えませんでした。

1905年、アルフレッド・ビネーとテオドール・シモンは、「知能測定尺度」を作成しました。ビネーたちが画期的だったのは、知能の構成要素を考えるのではなく、世間一般で「頭がいい」と考えられている能力をできるだけ多くピックアップし、それをテストの形式にしたという点です。まさにコロンブスの卵とでもいうべき発明といえるでしょう。

誰かの話を聞いて記憶できる。語彙が豊富である。小さい子どもであれば、数を正確に数えることができる。絵に示したとおりにパズルを組み上げることができる……。図1に大人向けの知能検査の例を挙げました（ちなみに知能検査は手品と同じで、タネがばれると意味がなくなるので、一般には門外不出です。この例はよくある知能検査に似せて私がつくったもの、あるいはインターネットで紹介されていたものです）。

被験者の反射速度を計測するより、こうした頭を使う課題をたくさんこなしてもらって採点した方が、学業成績や社会的な成果との相関がずっと高いことがわかってきました。

現在、世界中で使われているのが、ビネーらの方法を元にデビッド・ウェクスラーが改良を加えた知能検査です。知能検査の結果は知能指数（IQ：Intelligence Quotient）として表され、得点の分布は平均値を100とした正規分布を描きます（図2）。ウェクスラーの知能検査には「アメリカの人口は何人でしょう?」といった常識問題も含まれていますが、これら

図１　知能検査の例

●一般的知識

「投資」とはどういう意味ですか

●推理

太陽と月との共通点と相違点を答えなさい

●記憶

これからいう７つの数字を覚えて、後ろから言いなさい

7428195

●法則の抽出

図形の並び方のきまりをみつけて、右下の空欄に
入る適切な図形を下の選択肢から選びなさい

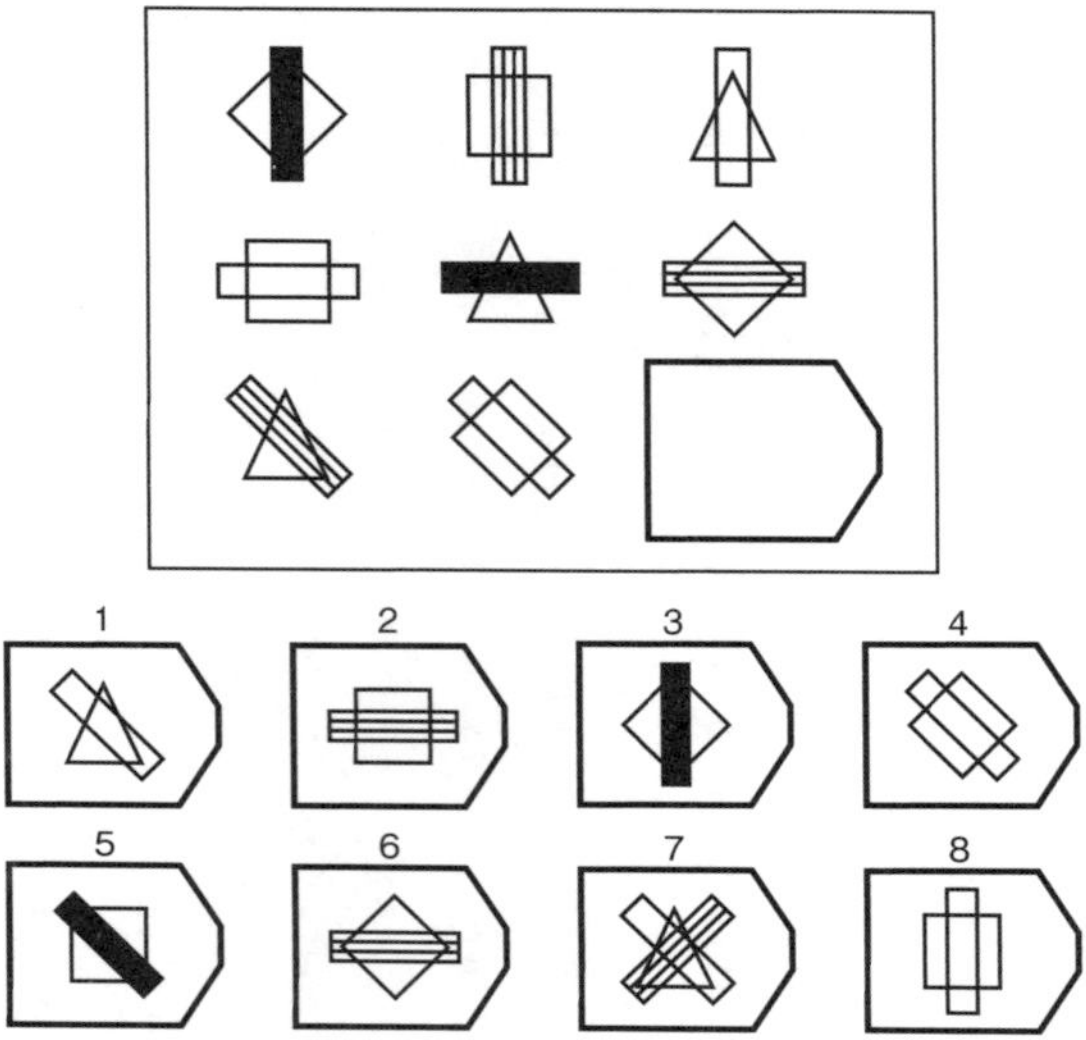

図2 正規分布

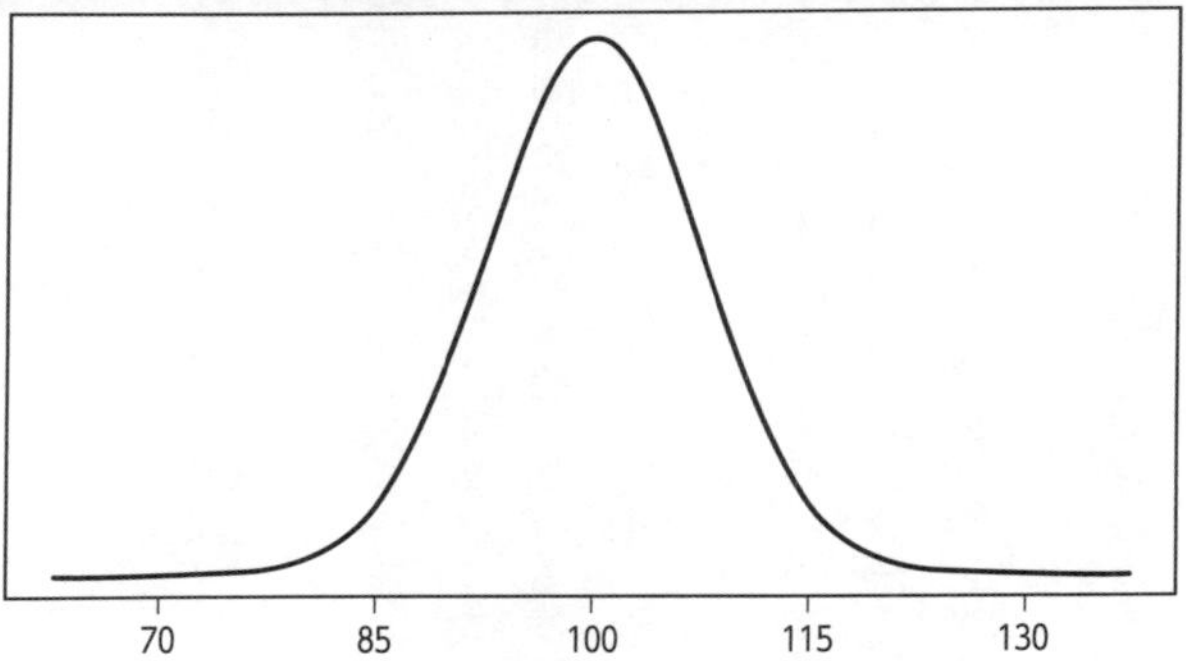

は国や時代に合わせて調整されており、世界中、あるいは違った年代の人々の知能を同じ次元で比較することが可能です。

教育の現場では、知能検査の結果は子どもの学習指導に利用されています。IQが高いのに、学業成績が振るわない子どもは「アンダーアチーバー」と呼ばれ、家庭問題等の事情によってモティベーションが勉強に向かなくなっている可能性があります。こういう子どもは伸びしろが大きく、教え方を工夫すれば成績が伸びる可能性があります。

逆に、IQがそれほど高くないにもかかわらず、学業成績がよい子どもは「オーバーアチーバー」と呼ばれ、ものすごく無理をして勉強についていこうとしており、メンタルヘルスに注意を払う必要があるのではないか。また、知能指数が極端に低い場合は社会適応性に問題を抱えているケースが多く、教師や臨床家が子どもたちのケアを行う上での1つの指標となっています。臨床心理の世界では、知能検査のトレーニングは今でも必須科目です。

「一般知能」という概念

知能検査にはウェクスラーを始めとして色々な種類があり、それぞれ課題の内容は異なります。言語能力にフォーカスした検査もありますし、図形から法則性を見つけ出すといった非言語的な能力を中心に調べる検査もあります。

知能は、言語や特定の文化、勉強で学んだ学力に関わりなく、もっと基本的な知的能力と考えられていますから、そうしたいろんな種類が必要なわけです。「いまの日本の人口は何人？」「〝灯台下暗し〟とはどういう意味？」、こういった知識はもちろん学校でも教わりますが、そうでなくとも、およその社会に生きるちゃんとした知的な大人であれば、おのずとわきまえているはずの知識と考えられます。ですから知能検査の問題に含まれる場合があります。

ならば、異なる知能検査は、異なる能力を調べているのでしょうか？

心理学者の間でも、これについては大きく分けて2つの考え方があります。

1つは、ハワード・ガードナーらが中心となって唱えている多重知能理論（Multiple Intelligence）。知能には複数の種類があるという立場です。多重知能理論では、言語的知能、内省的知能、視覚・空間的知能、博物学的知能、論理・数学的知能、対人的知能、音楽的知能、身体・運動感覚知能という8つの知能が別個に存在すると考えます。検査によって子どもがどの分野に才能があるのか、あるいはどの分野が劣っているのかを見極め、特性に応じた教育を施そうというもので、教育分野では非常に人気があります。

もう1つが、一般知能理論（General Intelligence）です。頭のよさのベースとなる「一般知能」が存在しており、この能力に大きな個人差がある。そして、一般知能を装飾するような形で、文学的な能力や数学的な能力、博物学的な能力など特殊知能がくっついているという考え方です。

私は、教育に関心を持つものとして、多重知能理論を一応尊重しますが、進化理論や行動遺伝学のエビデンスからは一般知能理論を支持する立場です。こういうと、いかにも優柔不断な、妥協的な意見のように聞こえるかもしれません。しかし、そもそもこの2つの考え方は対立するものではなく「程度問題」、あるいは波と粒子の2つの側面をあわせ持った光の性質のように両方の特質をもつものです。ですから、議論の目的に応じて、それぞれの立場を使い分ける必要があります。

一般知能理論の立場からすると、どんな種類の知的課題も、その知的課題に特化した1つの独立した能力で解決できるわけではありません。例えば、言語を使い推論したり記憶したりする能力は、図形や数字を使った課題でも使われます。数学的な課題において言語能力がまったく測定されていないということはありえず、いろいろな種類の能力を統合させて使っています。このようにいろんな分野の能力を統合させる能力、それこそが知能だというのが一般知能理論です。

そもそもヒトの知能が創造的なのは、脳がいろいろな分野の知識を結びつけることができるように進化したからで、それが一般知能だと考えられます。そして、行動遺伝学のデータは能力の間の遺伝的なオーバーラップが大きいことを示しているのです。

多重知能理論を支持する人たちは、脳の言語野に損傷があると、知能そのものはそれほど低下しないのに言葉だけが話せなくなるといった脳の機能分化の事実を一つの根拠にします。一方、一般知能理論を支持する人は、どんな領域の問題を解く場合も、さまざまな情報処理の全体を統合させている前頭の連合野が賦活《ふかつ》している、あるいは前頭葉と頭頂葉のむすびつきが重要であるというエビデンスに重きを置きます（後述）。領域固有性と一般性、機能の分化性と統合性、そのどちらも正しく脳の働きをとらえているのでしょう。

ここでひとたび能力の個人差を問題にしようとしたとき、一般知能理論は頭のいい奴は何をやらせても頭がいい、頭の悪い奴は何をやらせても頭が悪いという、身も蓋もない見方を示さざるを得なくなります。

実際、言語の成績がいい人は数学の成績もよい、音楽の成績もおしなべてよいというデータをみたスピアマンが、数学的にそれを説明するために「一般知能」という概念をつくりました（それをグールドが、数値をこねくり回しただけの実体がない人工物と批判したわけです）。能力を国語、数学、理科、芸術や道徳など分野ごとに育てようとする教育関係者の間で、一般知能理論の人気が芳《かんば》しくないのは当然のことでしょう。

知能検査で測れる能力が知能

あれこれ知能とは何かについて述べてきましたが、知能の本質や概念を議論する以前に、もっと重要なことをお話しする必要があります。

心理学者エドウィン・ボーリングは、知能とは何かという問いに、次のように答えました。

「知能とは、知能検査で測られる能力である」

この定義を聞いて唖然とした人もいるでしょう。これでは、たんなるトートロジー（同義語反復）であって、何も説明していないではないか。

しかも、こんなつまらない（boring）定義をした人物の名前がボーリング（Boring）というのは、実にシャレが効いています。

けれど、一見無意味に見えるボーリングによる定義には、非常に重要な意味があります。それは心の働きを操作的に定義しようという提案なのです。

知能検査では、「頭がよいと思われる人の能力」をピックアップして計測していると述べました。その際、「問題解決能力」ととらえたり、「法則を抽出し当てはめる能力」ととらえたり、「言語的、論理・数学的、空間的……などの能力」ととらえたりすることを、知能の概念的定義といいます。

一方それを、どのようなことができる人が問題解決能力があるのか、論理・数学的能力があるのか、確認のための具体的な手続きによって定義したものが操作的定義です。これはものごとを実証的に検証するときに絶対に必要なことで、特に目に見えない心を科学的に扱う心理学にとっては重要です。心理学は、なにか心の働きをただもっともらしい名前をつけてお話をつくればいいのではなく、きちんとその働きがあることを形で示す操作的定義が必要なのです。

心理学の中でも知能や認知能力の研究が発達しているのは、それを測るためのテストが世界中の研究者によって吟味され、つくられ研究されているからですが、それはとりもなおさず概念的定義だけにとどまらず、操作的定義まできちんとつくり、それが概念的定義に見合っているか、そのテストの信頼性と妥当性を検証するための膨大な労力が払われているかにほかなりません。

「推理能力」「短期記憶能力」「外向性」「神経症傾向」「不安傾向」「内発的動機づけ」「自尊感情」……心理学者が使うこうした専門用語は、なんとなく日常使う言葉で表されていますので、心理学者が思いつきでつくったいいかげんな概念と思っていらっしゃる方もいるかもしれませんが、その概念を「世に売り出す」ために、その概念的定義と操作的定義をきちっとし、たくさんのデータでその概念を操作的に確かめるという開発努力をして、これならひとさまに出しても責任が取れると判断された段階で、論文にして世に出しているのです。それは確かに退屈（boring）といっていいほど地道な作業ですが、それこそがプロの仕事師の面目躍如なのです。それを指摘してくれたボーリング先生はさすがです。

さて、そのことをふまえた上で、あらためて知能について考えてみましょう。そもそもなぜ知能が問題になるのでしょうか。

私たちの社会において頭がよい人は高く評価されます。つまり現在の社会において優れていると考えられる能力が知能ということになります。注意していただきたいのは、どんな能力も社会的に認知されて初めて「能力」として定義されるということです。その意味では、多重知能理論で言われる言語・語学的、内省的、視覚・空間的、博物学的……といった分野も、社会的に、文化的に認められている能力です。

しかしこのことは逆に言えば、社会的に認められていない能力、何らかの形で測る基準と方法を持たない能力は、能力としては認知されないことを意味します。

例えば、偏差値の高い大学の卒業生で、道路工事といった肉体労働を一生の仕事として選ぶ人はほとんどいないかもしれません。しかし、道路工事をきちんとやるには、そのための特別な能力が必要になります。まず求められるのは、肉体的に頑健であることでしょうが、土や岩の扱い方や安全性への勘なども必要かもしれません。

知能検査が測っているような、さまざまな知識を理屈をこねまわして結びつけ、抽象的な概念に仕立て上げて論理を構築する能力ではなく、頭の中から理屈を取り去り、目の前にある地面と工作機械の動きに体を一体化させ、余計なことに気を散らされずに、1つの作業に専念する能力が大事かもしれません。しかし、学校教育ではそれは教科にもならなければ、その能力を測るテストもありません。

仮に、道路工事能力を測定するテストを作成して実施したら、結果はおそらくIQと同様に正規分布を描くことになるでしょう。それがIQと関係があるのかないのかは、テストをつくって調べてみないとわかりませんが、ちょっと違いそうだということは想像がつきます。工作機械を器用に操る力だけなら、そのコンテストがあるそうなのでそれなりの物差しがあるし、その能力で秀でるための訓練もしようと思えばできるでしょう。しかしもっと総合的な「一般道路工事能力」など聞いたことはありません。つまり道路工事全般をうまくやり遂げる能力を表す概念がないわけです。概念がないと認知されにくくなり、そして評価されにくくなります。しかしその能力を発揮してくれている人たちのおかげで、私たちは平らで安全な道をスピードを出して車を走らせることができます。そしてその能力の存在を知るのは、未熟な工事のおかげでデコボコの道を走ることになったとき、あるいは整備された道路がほとんどない開発途上の国を訪れたときかもしれません。

２００７年に発覚した年金記録問題や、最近の新国立競技場の設計費用問題、そして豊洲市場の盛り土問題など、官僚はじめ公共の仕事にかかわる人たちが市民から預かった巨額のお金を管理・運用する際の公的責任感のなさや判断の甘さからくる大問題の発生があとをたちません。高い学歴を持ち、難しい試験に合格して、しかるべき立場に立ち、しかるべき仕事を任されている人たちなら、最低限ちゃんと考えてちゃんとしてくれていたと信じていたことが、まったくのぼろぼろスカスカだったことに唖然とするばかりです。中にはちゃんとしようと尽力してくれた人もいたのでしょうが、それが巨大な組織の中では機能しなかったのかもしれません。このときの官僚たちの「公的資金責任運用能力」は、どうやらIQや学力とは別物のようです。

もちろんこんな問題が発生すれば、国も組織もなんとかしようと努めます。そして言葉だけなら「公的責任能力」でも「研究倫理能力」でも「危機管理能力」でもなんでも、適当にイメージし、それらしい名前を付けることはできます。そしてそれを測るテストをつくり、そのトレーニングプログラムまであっというまに仕立て上げて、みんなを合格させて、問題を解決した気になっています。

これは社会のあらゆる分野についていえることです。確かに私たちの社会は、無数の能力によって支えられています。そのことに気づいたからなのかどうかわかりませんが、いま「〇〇力」が大はやり。「コミュニケーション能力（コミュ力）」はいうに及ばず、「女子力」「恋愛力」「老人力」「転職力」「癒す力」「聞く力」「断る力」、名づけるのに事欠いて「新しい学力」まで登場する始末。

ほら、その気になればどんな「能力」概念もつくることができますよ。「リア充力」「キモオタ力」「勘違い力」「KY力」「草食男子力」「痛い女力」……なんでも「〇〇力」をつければそれらしく感じられます。そうそう「わが社力」や「わが街力」、「わたし力」だってできます（この本は最終的に「わたし力」を伸ばせという趣旨になりそうです）。

しかしそのほとんどの能力については、知能検査のように綿密な概念的定義と操作的定義の検討の上に、その能力を測定するテストを開発し、人口全体を代表する膨大なデータをもとにその信頼性と妥当性を検証したものではありません。実のところ、心理学者のつくったテストの中にもそこまでしっかりとできているわけではないものも少なからずあります。いま世の中に出回っているテストの中でその条件を満たすのは、知能検査やいくつかの性格検査や能力適性検査のほかには、TOEFL、TOEICなど英語の検定試験、そして大学センター入試くらいでしょう。

こうしてつくられたテストの得点には大きな個人差があり、たいていは正規分布し、多くの人はふつうで、平均から離れるにつれて優れた方でも劣った方でも少しずつ数が減り、そして両端にごくわずかの超すぐれた人と超劣った人がいる。そしてそこにはたいていい多かれ少なかれ遺伝要因がかかわっています。

正規分布はノーマル・ディストリビューション（normal distribution）の訳なのですが、集団の中に必ず両極端のアブノーマル（異常）な人がいることがノーマル（正常）だということを示唆する、この分布の含蓄には深いものがあると思いませんか。

一方で、名前や概念がない以前に、能力として気が付かれていないものもたくさんあるのではないでしょうか。そういう能力の中には、ひょっとしたら遺伝の影響よりも環境の影響のほうが大きいものもあるかもしれません。なぜなら、その知識を教えてもらったかもらわなかったかで、できるできないがはっきり分かれるからです。

例えば「ペケモコソ」というすごい技があるのをご存じですか？　これは私しか知りません。ですから「ペケモコソ力」は、私から習った人しか持っておらず、生まれつきの能力など無関係です（もちろん「ペケモコソ」なんてウソです、念のため）。

いま私たちの世界で、学校で大事なものとして誰もが知る名前で呼ばれ、測られているのが知能、あるいは学力です。その主たるものはアカデミックで抽象的な知識、そしてそれを論理的に操るための概念操作能力です（…という言い方自体が、すでに抽象的ですね）。ビネーらが知能検査を発明したのも、もともとふつうの学校に適応できる子どもと特殊教育を受けさせたほうがいい子どもを客観的に区別できる物差しをつくろうとしたからでした。しかしもっとさかのぼれば、学校教育が普及するようになり、知能がそのように扱われるようになったのは歴史的なわけがあります。

産業革命以降、社会のあらゆる分野で抽象的思考が求められるようになった

産業革命以前、ほとんどの人々にとって世界はとても具体的でわかりやすいものだったは

ずです。

農家は作物や家畜を育てる、漁師は魚を捕る。大工は家を建て、鍛冶屋は道具をつくる。これらはみな、具体的な事物を自分の体を使って働くことで成り立っていました。もちろん、宗教やお金、政治といったように、目に見えない世界を想像したり、品物を交換するときにその価値を数字におきかえて損をしないように計算したりと、やや頭を使わねばならない抽象的な概念もありますが、たいていの人にとってそれらの概念も具体的なモノやコトガラと強く結びついていました。正直に働けばどこかで神さまが見ていてくれていつか報われる、リンゴを売ればお金をもらえ、そのお金でパンを買える、バカ殿が死ぬと世の中がよくなる……といった具合に、身近なことがらとして簡単に理解できたのです。

けれどヨーロッパに産業革命がおこった18世紀以降は、複雑で抽象的な概念を扱う必要が多くなってきました。産業革命時代の代表的な科学的発明といえば蒸気機関ですが、現代でも蒸気機関の原理をきちんと説明できる人はそれほど多くはないでしょう。

科学技術の背後には、膨大な知識が存在しており、それを理解して使いこなすには抽象的な概念を扱える知的能力が必要になってきます。見ればわかる具体的なモノを扱うのとは違い、抽象的な概念を効率的に学び、扱うためには論理的な推論などを行うことが不可欠です。

産業革命とほぼ同時期に市民革命が起こりました。市民革命を支える「自由」「平等」「人権」などという考えも、とても抽象的な概念です。科学技術の発達と市民の台頭が巨大な資本主義社会を生みます。「資本」「株式」「手形」なども、もはやリンゴをつくって売って得たお金でパンを買うレベルではない、抽象的なしくみです。確かに安くたくさんの毛織物が手に入るようになったので豊かになったのかもしれないけれど、昔は正直に働いたら報われるはずだったのに、いまやよくわからない理由で金持ちと貧乏人の差が大きくなる。法律の手続きも気がついたら、やたらに複雑になってしまった……。

かくして科学技術に限らず、産業であれ、政治であれ、経済であれ、法律であれ、日常生活のあらゆる分野で抽象的で目には見えない知識を扱うための能力が要求されるようになり、その能力の高い人ほど社会階層の上に行きやすくなっていきました。逆にその能力が低いと社会に適応することが困難になっていったのです。

そして人々にあまねく知恵と知識を普及させようという動きが生まれたのも、ちょうどこのころでした。それが啓蒙主義であり百科全書の編纂《へんさん》です。子どものための教育をきちんとしようと孤児院や幼稚園をつくったペスタロッチやフレーベルがでてきたのも同じ時期にあたります（日本では明治維新とともに急激な知識革命が起こりました）。

もっとさかのぼれば、よその世界の人々と交易をしていた古代ローマのときから、すでに目の前の具体的事物の背後にある見たこともない世界の人々のことを推理し想像する必要があったことでしょう。しかしそれは限られた範囲の限られた人々のことでした。

大航海時代以降、世界がひとつにつながるようになったころから、おそらく知能の使われ方の転機が訪れたと思われます。丸い地球の裏側にある異なる土地に住む異なる風俗、異なる言葉、異なる宗教、異なる経済を営む人たちの文化が、なだれ込むように目の前に出現したのです。この遠く離れた見も知らぬ人たちの頭の中はどうなっているのか、この人たちと商売をするにはどうすればいいのか。頭を使わねばならなくなりました。幸いヒトの脳はそれをこなすだけの能力を備えていました。やがてルネサンスを迎え、そしていよいよ啓蒙主義・市民革命・産業革命の時代、さらに資本主義の時代へ突入します。

今日の世界を生きる人々は、普通の市民生活を送るにも、膨大で煩雑な知識を扱わねばなりません。お役所から求められるさまざまな手続きの仕方や書類の書き方、医者から告げられる病気の説明、何十年後かに受け取れるらしい年金や保険の仕組み、食べ物や化粧品に含まれている成分の効能、旅行へ行った先々で手にするパンフレットの解説、新聞に書かれた世界各国の情勢や数々の事件、たくさんの人々の住む大都会の暗黙の社会的ルール……。私たちは子どものころから、それがなぜどのようにして出来上がったのかがよくわからない文化的知識の産物の大海に投げ込まれ、常に知識を学び、抽象化し、隠れた規則を推理し、それを別の場面にあてはめ、その正しさを確認しながら、おぼれずに泳いで生きてゆかねばなりません。これらがすべて知能検査で測られるような知能とかかわりがあると考えられます。

さらに、20世紀後半には膨大な情報を処理するコンピュータと、世界を結ぶインターネットが登場し、グローバル化した生活圏を生きるために抽象的な概念を処理する能力の重要性がますます高まっています。そして、もはや一人の知能ではとうてい扱えないビッグデータを前に、人工知能のお世話になる必要性がささやかれるようになりました。それによって人間の自然知能の問題は救われるようになるのか、それともそれを使うためのもっと高度な知能が私たち一人ひとりに必要とされるようになるのか、まったくわかりません。

昔の人がみな抽象的な概念を扱うのが劣っていたのかというと、そうではなかったはずです。例えばエジプトのファラオなりアレキサンダー大王なり、当時の傑出した人物は、現在の知能検査でも高い知能を持っていると判断されるでしょう。彼らは各地から寄せられる膨大な情報を整理して、足りない部分を推測し、部下に的確な指令を出す。さらには、人を感動させる印象的なパフォーマンスまで行っていたのですから。ソクラテスやアリストテレスやピタゴラス、キリストや釈迦や孔子の知能の高さはいうまでもありません。

大昔から世界各国の書物に描かれた優れた人の基準は、「強いこと（身体的強さだけでなく勇気などの精神力も）」、「美しいこと（女性美だけでなく男性美も、顔だけでなく身体も）」、そして「賢いこと」でした。これはいまでも通じる基準です。逆にいえば、人々に語り継がれるほど傑出した能力として社会的に評価されることの基準が、特に強さ、美、賢さの3つにあって、それがもって生まれた能力であることが認められており、それを発揮して人々を幸せにしてくれた人物をほめたたえ、記憶に残す気持ちがあったのでしょう。

現代は、かつては天才やエリート層にしか求められていなかった賢さ、つまり知的能力が、あらゆる人に要求されるようになった時代だといえます。昔なら帝王になる人しか学ばなかったその国の歴史や世界の歴史・文物の知識を、昔なら医者になる人しか学ばなかった体の仕組みや植物・動物の知識を、昔なら数学者しか知らなかった微分・積分の知識まで、いまやあらゆる国民が学んでいます。昔はそれを学ぶ境遇にあったかなかったかが、そうした知的能力の個人差の決定因でした。誰もが学べるようになったいま、その能力の個人差に遺伝の差がはっきりと表れるようになったのです。

脳科学が示唆する知能の正体

「知能とは、知能検査で測られる能力である」というボーリングの定義を紹介しましたが、急速に進歩する脳科学によって、知能の正体が少しずつ明らかになってきています。

脳科学においては、大脳皮質に運動野、言語野、感覚野といった領域が、それぞれ違う機能を担っているという考え方があります。さきほどの多重知能説を支えるエビデンスです。

fMRI（磁気共鳴機能画像法）やPET（ポジトロン断層法）、NIRS（近赤外線分光法）といった技術によって、脳の活動を、手術して脳細胞に電極を差し込んだりしなくとも、リアルタイムに観測できるようになってきました。fMRIやPETならカプセルホテルをさらに狭くしたような装置の中に入って、NIRSなら水泳帽みたいなものをかぶって、指を動かしたり、画面に出された絵を見たり、問題を考えたり、場合によっては何もしない何も考えない、でも寝ないでボーっとしていたりするときの脳の血流などを測る。すると、何をしているとき脳のどの部分がそれ以外のことをしているときと比べて強く働いているか、何もしていないとき自発的にどことどこが連動しているかなどがわかるわけです。

では、これまでお話しした「知能」とはどこの領域が担っているのでしょうか？

よく頭を使うときには前頭前野が活発に働くといわれます。これは脳トレなどの話で、ご存じの方も多いでしょう。

前頭前野は一般に外側、内側、眼窩（底部）に分けられます。外側前頭前野は情報の意識的・論理的・計画的な操作、内側前頭前野は自己と他者の葛藤の調整、眼窩前頭前野は報酬への反応や意思決定がその主な働きと考えられています。これでいくと情報処理に深くかかわりのある外側前頭前野が知能と最も関係ありそうですが、他者の気持ちや考えをおもんぱかって自分の行動を調整する内側前頭前野も無視できません。それになるべく損せず得するように行動をコントロールする眼窩前頭前野の働きのよし悪しも賢さにつながるでしょう。

そもそも前頭前野は脳のほかの部分からの情報が集まってきている中央官庁のようなところです。頭を使うときは、こうしたさまざまな機能がどれも重要性を発揮します。国が栄えるときは中央官庁だけがしゃかりきになっていてもダメで、国の隅々まで、すべての国民が生き生きと働いていてくれねばなりません。そのとき、中央の司令部が全体をうまくまとめるための調整役を果たすことで、国全体が機能的に動く、それと同じことが脳にもいえるでしょう。つまり知能をつかさどる特定の部位があるわけではなく、まさに脳全体が知能にかかわっています。

しかしそれでも、特に重要な部分がＩＱと関連していることが示されています。それは頭頂葉と前頭葉の結びつきです（図3）。このちょっと離れた部分が同期して働いている人ほどＩＱが高いようなのです。

論理性に優れた人は数学的な能力にも優れているなど、知能は一元的にまとまる傾向が高いというのが一般知能理論ですが、「頭頂部と前頭葉の連携性」のように、脳の異なる部位のネットワークこそが知能の本質であるとすれば、それも納得がいきます。一般知能の存在を科学的に支持する結果といえるでしょう。

図3　頭頂と前頭の結びつき

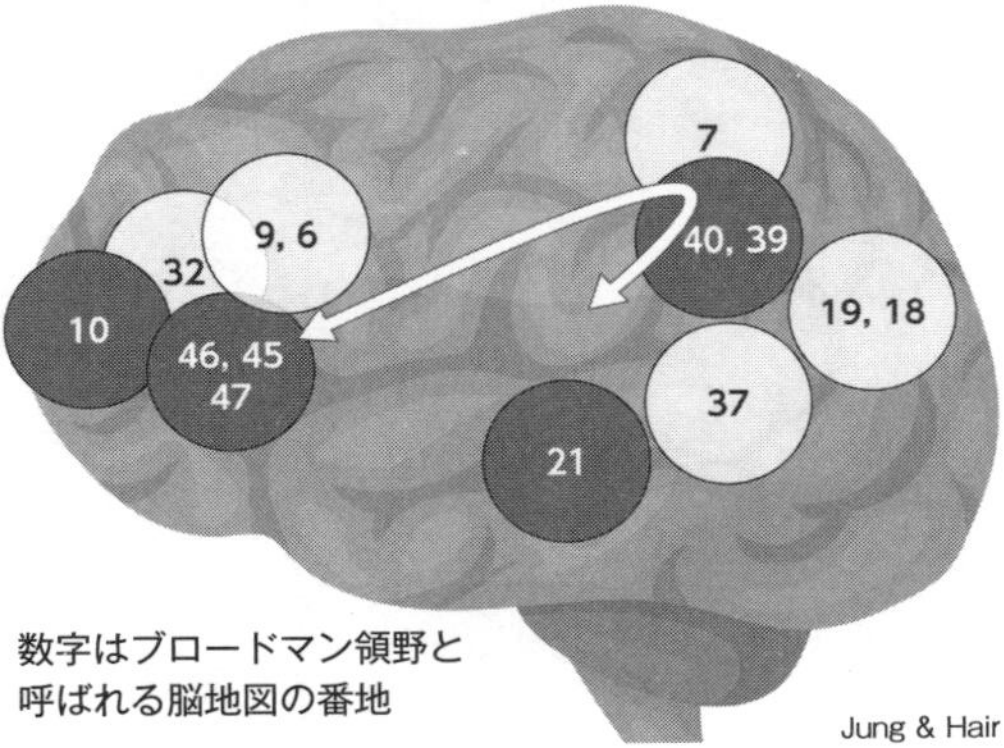

数字はブロードマン領野と
呼ばれる脳地図の番地

Jung & Hair (2007)

ただし、それ以外にも言語野や角回の灰白質の厚さとＩＱとの間に相関があるという報告もあります。それどころか、脳全体の容量とＩＱとも相関するといいます。この関連は決して大きいものではありませんが、やはり脳全体が知能にかかわりがあることを示す証拠かもしれません。

人間の性格を表す5要素

人の心、つまり精神活動に関して、知能と並んで重要なのが性格です。内気だったり社交的だったり、勤勉だったりルーズだったり、人の性格はさまざまですが、心理学において性格は複数の要素の組み合わせによって構成されると考えられてきました。どんな要素かは研究者によって異なり、16もの要素で性格を分析する有名な心理学者もいました。

現在主流となっているのは、「ビッグ5《ファイブ》」と呼ばれる5つの要素によって性格をとらえる考え方で、1980年代にルイス・ゴールドバーグはじめ多くの研究者によって提唱されました。5つの要素とは、次の通りです。

- Openness to experience（経験への開放性、または好奇心の強さ）
- Conscientiousness（勤勉さ）
- Extroversion（外向性）
- Agreeableness（協調性）
- Neuroticism（情緒不安定性）

略してOCEANです。なお、ビッグ5以外の尺度として有名なアイゼンクの「ジャイアント3《スリー》理論」にもExtroversion（外向性）とNeuroticism（情緒不安定性）が含まれています（あと1つはPsychoticism（精神病質））。この2つは性格を構成する大きな2要素といえるでしょう。

世界中の心理学者が知能検査と同じように信頼性と妥当性のあるテストをつくって調べて

みたところ、どのような言語や文化においても5つの要素はほとんど存在するらしいということになりました。このうち「経験への開放性」を除いてIQとの相関もほとんどないことがわかりました。ビッグ5は有意義な指標と考えられ、これを元に数多くの研究が行われてきました。

その結果、情緒不安定性が高い人はうつ病になりやすい、勤勉さと好奇心の強さが高い人は、社会的な業績を上げやすいといったことがわかってきています。意外かもしれませんが、学業成績は外向性が低い、つまり内向的な人の方が少し高い傾向にあります。内向的というと内気で暗い人というイメージがあるかもしれませんが、本来は心のエネルギーを内に向ける人が内向、外に放つ人を外向というのです。ほかにも協調性が高い人は、寿命が長いといった傾向もあります。

このように性質の異なる5つの要素を立てて種々の性格を表せるのがビッグ5ですが、実はこれらのデータを数学的にいじれば（これもまたグールドが憤慨した統計学者の手法ですが）、もっと少ない要素から、例えば3つでも2つでも、どんな性格も表現できることが証明されています。理屈は一般知能理論に似て、大きなまとまりをもつ上位の因子に、さらにそれに色を添える特殊因子を加えればよいだけです。問題はその上位の性格因子がいくつ、そしてどのようなものがあるかということです。

私が支持しているのは、グレイという人のＢＩＳ／ＢＡＳと呼ばれるモデル。ＢＩＳはBehavioral Inhibition System（行動抑制システム）、ＢＡＳはBehavioral Activation System（行動活性化システム）の略であり、アメーバのような単細胞生物も含め、すべての動物は行動を抑制（ブレーキをかける）／活性化（アクセルを入れる）する仕組みを備えているという考え方です。人間の場合は、ＢＩＳはセロトニン、ＢＡＳはドーパミンの分泌によって規定されます。この2つは数学的にちょっと変形すれば、先の二大性格因子、外向性と情緒不安定性と同じになります。

人間のように社会的な動物では、それに加えて社会性（ビッグ・ファイブ理論ではAgreeableness（協調性）と同じ、ジャイアント3では精神病質がそれに近い概念です）という要素も加わってきます。社会性は、他の個体とどういう調整を行うかという指標であり、人間の場合は愛想のよさや社交性として表現されるわけです。

この3つの要素にそれぞれ重み付けをして、組み合わせれば、どんな性格をもつくり出すことが可能です。それはあたかもシアン、マゼンタ、イエローの三色を混ぜ合わせればどんな色でもつくり出せるインクジェットプリンターのようなものです。私はこれをひそかに「カラープリンター理論」と呼んでいます。ちなみにプリンターには大事な「ブラック」があります。これが一般知能にあたるというわけです。

性格は一次元の値で表せる？

２０１３年頃からＧＦＰ（General Factor of Personality）、つまり一般性格因子という考え方が注目を集めるようになってきました。

ＧＦＰとは、いってみればＩＱのような一次元の値によって性格を表そうという考え方です。大ざっぱにいえば、情緒不安定性をマイナスの値、それ以外はプラスの値として足し合わせたものが、ＧＦＰになります。つまり、外向的で心が安定していて勤勉で、人とうまく協調できて知的好奇心も強いというオールマイティな「いい人」因子です。

最初にＧＦＰに関する論文を読んだとき、私はこんなものはナンセンスだと笑い飛ばしました。このときばかりは、ＩＱを笑い飛ばしたグールド同様、さすがにそんなのは数字をこねくり回した実体のない人工物だと思ったのです。

ＩＱの場合は、論理性や推論能力、計算の速さといった要素が足し算されています。言語能力の高い人は、だいたいにおいて論理性や計算能力も高く、一般知能という一次元的な値に落とし込めるわけです。これに対して、性格を構成する要素は質的に異なります。独立して存在しているはずの値を、無理矢理足し算して人工的につくり出した値など無意味だと考えたからです。ところが、実際に自分たちでデータを集めて検証したところ、ＧＦＰの存在を無視することができなくなりました。

ＧＦＰの高低とさまざまな社会的な適応度には相関があることが見えてきたからです。この相関は０・３ほどであり、ＧＦＰによって社会適応度をすべて説明できるほど高くはありませんが、無視できるほど低くもありません。

例えば、職業満足度や離婚率です。ＧＦＰが高い人ほど、現在就いている職業についての満足度が高く、離婚しない傾向がありました。当然のことながら、結婚は人間関係の一形態にすぎず、離婚しないのがいいとか悪いということではありません。ですが、現在の社会において離婚せずに結婚生活を維持している人の方が社会に適応していると見られることが多いのは確かでしょう。ＧＦＰの高い人は、社会の多数派がよいと思うことに自分を合わせられる人ともいえます。だからでしょうか、主観的幸福感ともプラスの相関があります。一方で、ＧＦＰが低い人は犯罪を犯しやすく、うつ病にもかかりやすい傾向が出ています。

ＩＱとＧＦＰの間にはほとんど相関はありません。ＩＱが高ければ社会的に適応できる度合いは高まりますが、ＩＱが低かったとしてもＧＦＰが高ければ社会とうまくやっていけるというわけです。

ＧＦＰに関しては研究者の間でも激しい議論が続いています。実際に調査を行うまで私自身も信じたくなかったのですから、それも無理はありません。極論すれば、人間は頭のよし悪しと、性格のよし悪しという2次元の値によって分類できるという、何とも身も蓋もないことになってしまうわけですから。そのどちらかでもよければまだ救いがありますが、その両方が低い人だって世の中にはそれなりにいることになります。そんなやばいことを科学の名のもとに世にいいふらしていいものでしょうか。

実のところいまでもGFPはいやな概念で、その存在は半信半疑、使うのには躊躇《ちゅうちょ》があります。もともといろんな要素からなるものをブレンドしたのがGFPなのですから、いろんなものに相関があるのはあたりまえ、そもそもそれを単一という生物学的根拠はあるのか。

ところが、GFPをどうとらえるかはさておき、GFPの遺伝率が高いこともまた私たちのデータから明らかになってきました。しかも一般知能の遺伝要因とは違い、GFPの遺伝要因には進化的に重要な意味があるとされる「非相加的遺伝要因」の成分があるのです。

さあ、いよいよ知能や性格が遺伝するとはどういうことなのか、詳しく説明する必要が出てきました。

第3章 心の遺伝を調べる

すべては双生児研究から始まった

知能や性格といった、人間の心ははたして遺伝するのか。遺伝するとしたら、どれくらいの影響を与えているのか。

これを科学によって明らかにするのが行動遺伝学という学問分野であり、中心となる手法が「双生児法」です。第1章でも取り上げたイギリスの心理学者バートも双生児を用いて心理的形質の遺伝について研究を行いました。双生児法によって、どのように遺伝の影響を調べるのか。前著『心はどのように遺伝するか』、『遺伝マインド』、『遺伝子の不都合な真実』、『遺伝と環境の心理学』でも紹介しましたが、ここでも改めて簡単に説明しておくことにしましょう。

双生児法の基本的なアイデアはとてもシンプルで、一卵性双生児と二卵性双生児の類似性を比較するというものです。

一卵性双生児は同じ1つの受精卵から生まれた双生児であり、遺伝子まで完全に同一の、いわば天然のクローン人間。一方、二卵性双生児は2つの受精卵から生まれた双生児で、遺伝子レベルでは普通のきょうだいと同じ程度に似ています。ですから、一卵性のようによく似ている二卵性もいれば、同じ親から生まれたとは思えない二卵性もいます。もちろん性別が異なることもあります。

二卵性双生児や普通のきょうだいの場合、お互いに共有している遺伝子は半分程度。そうなるのは、父と母から子どもが生まれるときに減数分裂という現象が起こるからです。

人間の遺伝子は23組の染色体という構造体の上に乗っています。精子や卵子がつくられるときには、ペアになっている染色体のどちらか１つがランダムに選ばれる減数分裂が起こります。つまり、父と母がペアで持っている遺伝子の半分が子どもに受け継がれることになるわけです。ある遺伝子を二卵性双生児の片割れやきょうだいが持つ確率は約50％。このことはあらゆる遺伝子について当てはまりますから、全体として見ると二卵性双生児やきょうだいの遺伝的類似性は約50％ということになります。

遺伝子が１００％同じ一卵性双生児と、50％類似している二卵性双生児。同じ環境で育った一卵性双生児と、二卵性双生児の類似性を比べて、もし一卵性双生児の方が似ているのであれば、それは遺伝の影響によるものだと考えられます。

類似性を比較するとはいっても、１組や2組の双生児を比べたところで統計的に意味のあるデータは得られません。一卵性双生児であってもお互いにあまり似ていないペアもあれば、非常に似ている二卵性双生児もいるでしょう。重要なのは、全体的な傾向としてどれくらい類似性があるか調べることなのです。そのため、双生児法の研究ではできる限り多くの被験者に参加していただくことが重要になります。

　世界的にみると、国や地方の自治体が研究の趣旨を理解して協力してくれて、戸籍や出生届の電子記録から双生児の個人情報を使えるようにしてくれるところが少なくありません。国民すべてをＩＤで管理するシステムが昔からある北欧では、生まれてすぐに別々になったふたごも含めて、その国のすべての双生児が、いわば自動的に、登録することができ、行動遺伝学や遺伝疫学の重要な情報源となっています。

　しかし、わが国では残念ながら個人情報の管理が絶望的に厳しいため、苦労します。私たちはというと、首都圏（東京都、神川県、千葉県、埼玉県）のほぼすべての自治体の市役所、区役所に足を運び、住民基本台帳から双生児とおぼしき同じ住所と生年月日の人を肉眼でつきとめ、一人ひとり、氏名・住所・性別・生年月日を紙に書き写すという作業によって、４万組あまりを集めました。

　そんなことしていいの？　といぶかしく思われた方もいるでしょう。この作業自体は個人情報保護法が改訂して厳しくなるよりも前のことでした。そのときですら、自治体ごとに研究の目的、個人情報の管理の仕方、配布物などについて審査があり、誓約書を書いて許可をとって、そうした個人情報をいただいています。そしてインターネットからは切り離されたシステムに入力し、個人情報を取り扱うことを専門とした方に管理をしてもらっています。

かくして、私たちの双生児研究プロジェクトの調査を受けていただいた双生児は、総数で1万組に達しています。その中にはたった1回だけ、匿名で協力してくださったペアもたくさんいらっしゃいますが、半数近くは何年にもわたって繰り返し調査に協力すると個人情報の利用を認めてくださった方々です。研究を始めてかれこれ18年、いまでも協力をしてくださっているのは子どもから青年までのグループで500組、成人のグループでやはり500組ほどです。

双生児ペアの結果から相関係数を算出する

双生児法の調査では、被験者には各種能力検査や性格検査、精神疾患、アルコールやタバコの依存など、さまざまな側面についてアンケートや行動観察などを行い、結果を点数で表します。

次に、これらアンケート項目ごとに一卵性双生児ペアのグループ、二卵性双生児ペアのグループに分け、x軸にきょうだいの一方の点数、y軸にもう一方の点数として、それぞれのペアをプロットしていきます（図4）。ちなみにこの図4は私たちの双生児プロジェクトでとられたＩＱのデータです。

どのペアについても、点数が完璧に同じであれば、プロットした点数は斜め45度の直線上に位置することになります。しかし実際は、こんな感じでばらけます。つまりきょうだいの一方が高ければもう一方も高くなる傾向はあるけれども、それは程度問題で、中には一方が高いが他方は低いケースもあるという感じです。ただこの図で一卵性と二卵性を比べると、一卵性のペアのほうがきょうだいの間の類似性が高そうだということは読み取れますね。

その類似性の高さを数値で表すのが相関係数です。もし完璧に類似していて、きょうだいの数値がまったく同じなら（年齢なんかはそうです）、相関係数は「1」、つまり双生児の類似性が最も高い状態です。

実際にはプロットした点はばらけますが、ばらけ方が大きいほど相関係数は低くなっていき、まったく相関のない状態が相関係数「0」ということになります。相関係数の計算の仕方はここではご紹介しませんが、統計学の教科書には必ず登場するおなじみの数式で、エクセルでも関数が組み込まれていますので、簡単に計算できます。この図4の場合、一卵性双生児の相関係数は0・72、二卵性双生児は0・42となります。ちなみにこの相関係数を発明したのが、第1章で紹介したフランシス・ゴールトンです。彼こそが行動遺伝学の創始者でもあったのです。

図４　一卵性双生児と二卵性双生児の IQ の相関

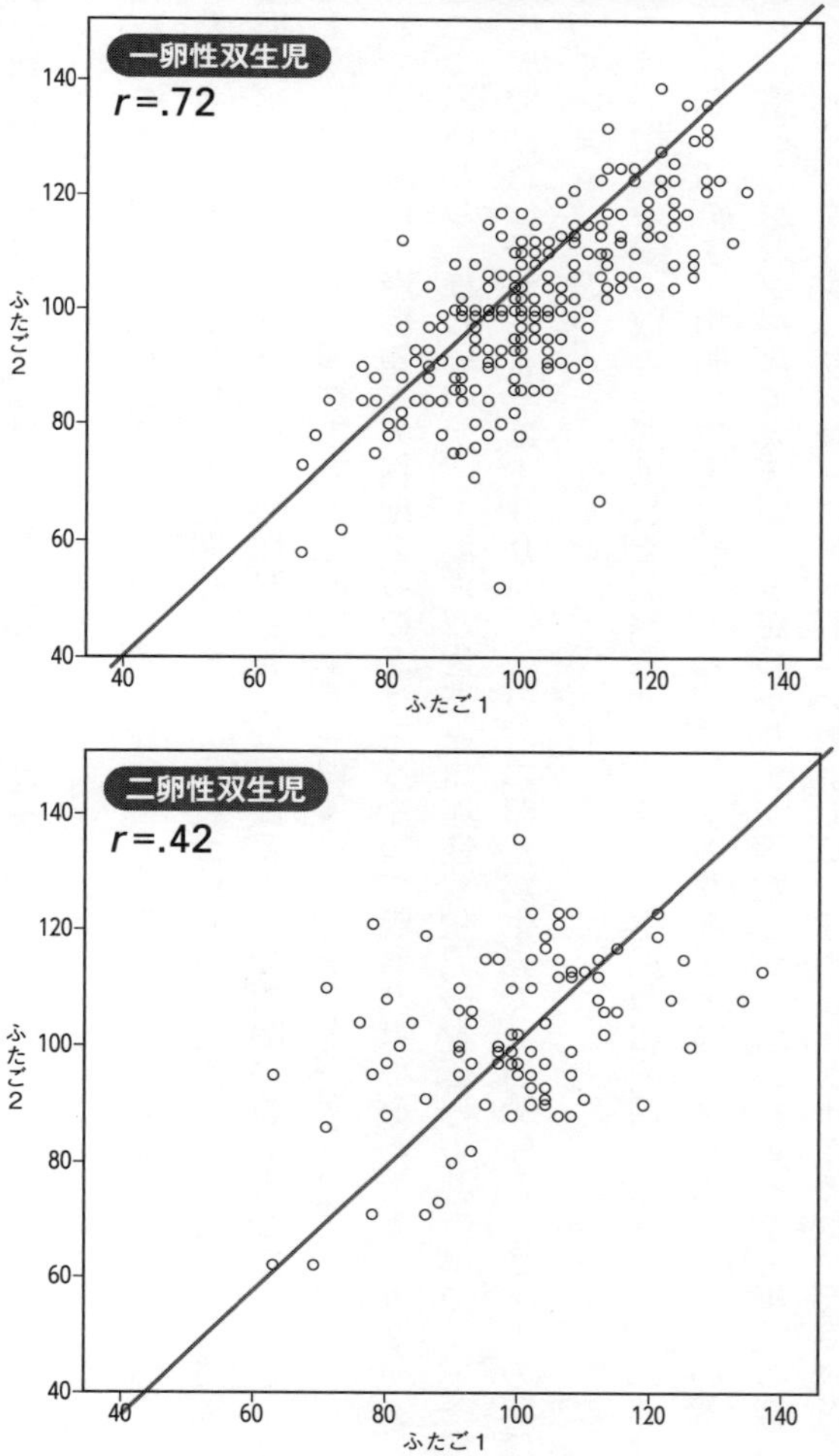

相関係数から遺伝と環境の影響を算出する

指紋数や体重、ＩＱ（知能）や学力のテスト得点、さまざまな側面の性格をアンケートで調べた得点、それにうつの程度や自閉症、そして反社会的行動の程度について、たくさんの双生児のペアのデータを集めて一卵性双生児と二卵性双生児で相関係数を出してみると、図5のようにおしなべて一卵性の方が二卵性より「似ている」ことがわかります。

それでは、遺伝の影響がどの程度あるのかはどうやって調べればいいのでしょう？

ここで思いだしてほしいのが、一卵性双生児と二卵性双生児の遺伝子の共有率です。一卵性双生児では遺伝子の共有率は１００％、一方、二卵性双生児では約50％と、２：１の関係になっています。

例えば、指紋の線の数の相関係数を調べると、一卵性双生児の相関係数は０・98、二卵性双生児は０・49です。相関係数を比較すると、遺伝子の共有率と同じ2：１になっていることから、遺伝の影響が極めて大きいことがわかります。たしかに何かを食べると指紋の線が増えるとか、指紋の線の数を増やすトレーニングなんて、考えられませんよね。環境の影響がほとんどないことは不思議ではありません。ただし、指紋は遺伝の影響が大きい形質とはいえ、それでも遺伝以外の影響を受けており、一卵性双生児といえども完全に同じにはなりません。ＡＴＭの指紋認証でも一卵性のきょうだいはきちんと区別されます。「遺伝以外の影響」によって相関係数は1ではなく、0・98になっているのです。

もう1つ遺伝の影響が大きい例としては、体重が挙げられます。体重についての、一卵性双生児の相関係数は0・90、二卵性双生児は0・46。一卵性双生児の相関係数は指紋の線に比べると低くなっており、遺伝以外の影響がより大きく働いていることが示唆されています。しかし、一卵性双生児と二卵性双生児の相関係数の比率は、指紋の線の数と同じく、ほぼ2：1になっています。つまり、体重についてもきょうだい間の類似性は遺伝でほぼ説明できてしまうのです。

こう聞くと、「いっしょに暮らしているのだから、食事内容も同じだし食習慣も似通っているはず」と思われるかもしれません。その通りなのですが、似たような食習慣を持っているということ自体が遺伝の影響であると、行動遺伝学では考えます。

もし、遺伝以外の影響が働いているのだとしたら、一卵性双生児と二卵性双生児の相関係数の比は2：1ではなく、もっと二卵性双生児の相関係数は高くなっているはずです。

では、ＩＱはどうでしょうか？

ＩＱの相関係数は発達とともに変化することが知られていて、図5では児童期、青年期、成人期初期について、全部で1万組近くの双生児のデータをまとめた数値を紹介しています。ここでは青年期の値を見てみましょう。一卵性双生児で0・73、二卵性双生児で0・46です（これは図4で紹介したわれわれのデータとほぼ同じ値になります）。

一卵性双生児の相関係数が二卵性双生児よりもずっと高いことから、遺伝の影響が働いていることがわかりますが、相関係数の比は2：1ではありません。もしIQの類似性が遺伝だけで説明できるのであれば、二卵性双生児の相関係数は0・73の半分、0・36程度になっているはずです。にもかかわらず、二卵性双生児の相関係数が0・46とやや大きいということは、遺伝の影響以外に、「より似させようとする何らかの影響」があると考えるのが妥当ということになります。

行動遺伝学においては、遺伝以外の影響とは環境です。そして家族のメンバーを「似させようとする環境」のことを「共有環境」といいます。つまりIQには共有環境の影響があるわけです。

逆に家族のメンバーを「異ならせようとする環境」のことを「非共有環境」といいます。これが遺伝も共有環境も同じ一卵性双生児でも似ていない理由です。

指紋の線の数では、ほとんどが「遺伝」によって説明され、わずかな「非共有環境」の影響によって微妙な差異が生じていると考えられます。体重の場合も、直感に反して「共有環

図5 さまざまな形質の双生児相関

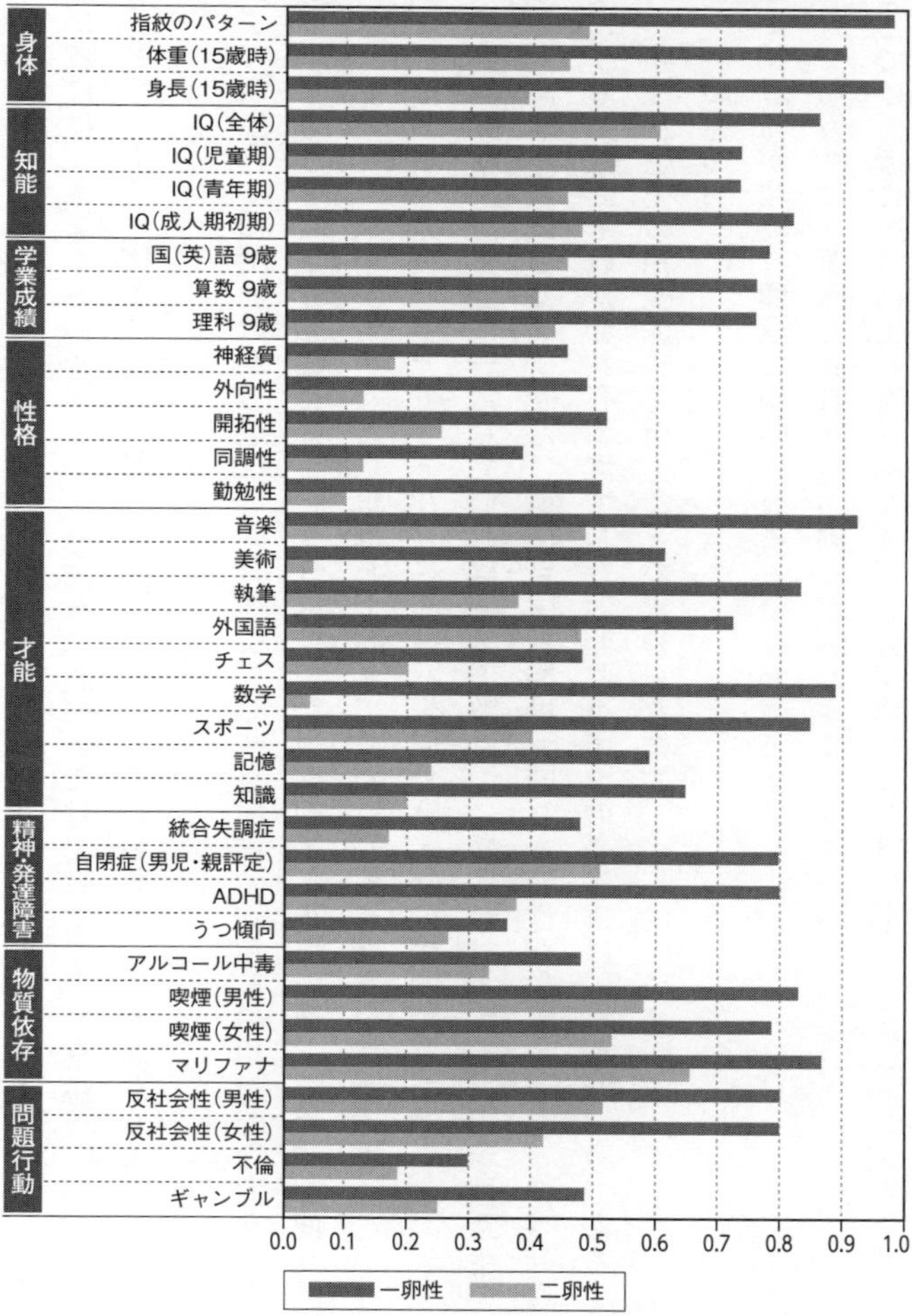

出典は引用文献（p218-220）を参照

境」の影響はまったくなく、「遺伝」と「非共有環境」の影響で説明されるわけです。そして知能指数には、きょうだいを似させる要因に「遺伝」だけではなく「共有環境」の影響があるけれども、指紋や体重には共有環境の影響はないと考えられることがわかります。

ここで双生児の相関係数から遺伝、共有環境、非共有環境の効果量の相対的な大きさを求める簡単な方法をご紹介しておきましょう（ここからは中学1年生の連立方程式を使う計算が入りますので、数字が苦手な方は飛ばして読んでくださってもかまいません）。

IQの相関は一卵性双生児で0・73、二卵性双生児で0・46の相関でした。

ペアの調査結果が完全に一致していれば相関係数は1になるわけですが、一卵性双生児ですら0・73しか類似していません。遺伝も生育環境も同じ一卵性双生児ですら、似させないようにする要因、それが非共有環境でした。非共有環境の寄与率は、完全な一致である1から、一卵性双生児の相関係数を引くことで求められます。

$1 - 0.73 = 0.27$

つまり27％が非共有環境で説明されるというわけです。

一方、類似性には遺伝と共有環境の両方が関わっています。

ここでは、仮に遺伝による寄与率をx、共有環境による寄与率をyとしておきます。

図６　一卵性双生児と二卵性双生児のIQの相関の内訳

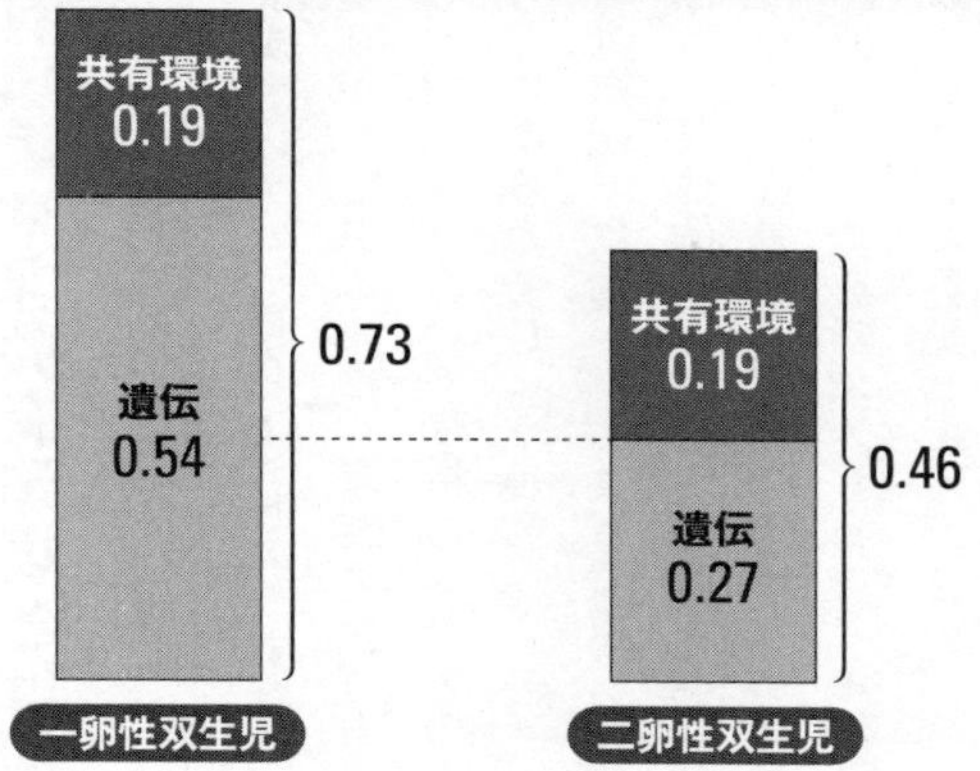

一卵性双生児の相関係数は０・73ですから、

0.73 = x + y

と表せます。

また、二卵性双生児において遺伝の寄与率は、一卵性双生児の50％になりますから、次のように表せます。

0.46 = 0.5x + y

この連立方程式を解くことで、

x = 0.54, y = 0.19

となります。

つまり青年期のＩＱの個人差は、遺伝54％、共有環境19％、非共有環境27％によってつくられているということがわかります（図６）。

同じようにして、指紋だと遺伝率98％、共有環境はゼロ、非共有環境２％となり、体重だと遺伝率は88％、共有環境２％、非共有環境10％となります。

共有環境や非共有環境とは何なのか？

では、共有環境や非共有環境の中身はいったい何なのでしょうか？

家族メンバーを似させようとするのが共有環境なら、親がどうしつけるかは共有環境でしょうか？　あるいは、家族メンバーを異ならせようとするのが非共有環境なら、家庭の外での友だち付き合いや学校のクラスのちがい、一人きりでする経験はすべて非共有環境ということになるのでしょうか？

行動遺伝学において、共有環境、非共有環境はあくまでも統計処理によって算出された値であり、具体的にどんな実際の環境が共有環境として、あるいは非共有環境として影響をおよぼしているのかは、この値からうかがい知ることはできません。

被験者に対するアンケートで、共有環境や非共有環境が何かを具体的にたずねているわけではないことに注意してください。

何が共有環境として働き、何が非共有環境として働くのかは、状況によって異なります。

家庭内で複数の子どもに対して、同じようにしつけをしていたとしても、それがどのように働くのかは状況によって変わってくるからです。

例えば親が子どものいたずらに対して厳しく怒ったとします。怒られた子ども自身にとって、「そんなに厳しく怒らないでもいいのに。あのとき僕にはそうしなきゃならない理由があったんだし……」と思い、理由も聞かずただ怒るばかりの理不尽な親と映っているかもしれません。しかしその様子を見ていた一卵性のきょうだいには、怒るべきときはきちん怒るけじめをつけてくれる信頼できる親と映っているかもしれません。同じ親が怒るという環境も、二人にとっては非共有環境として働いているのです。

さらに一卵性のきょうだいの間には、ほんとうに共有されない環境、例えば一方だけが病気にかかった、一方だけがクラスにいじめっ子がいた、一方のクラスがいい担任の先生に当たった……などなど、さまざまにちがう状況やイベントが無数にあります。環境は無限に多様であるため、どんな要素がどう働いているのか数え上げることは現実的には不可能です。そうしたそれぞれにちがう状況やできごとによって、まったく異なるイベントの連鎖がおこります。

一卵性のきょうだいは顔かたちや基本的な能力・性格が誰よりも似ているとはいえ、それぞれはちがった経験をし、一見同じ場に居合わせて同じものを見ていても、ちがった意味づけをしているかもしれない。そうした数えきれないほどの個性的な経験の総和としてつくられたちがいが二人の間にうまれます。そうした数々の一卵性ペアのきょうだい間のちがいのばらつき全体が、調べられたすべての一卵性の双生児たちのばらつきのなかで、相対的にどの程度の大きさかを数値にしたのが、非共有環境の大きさです。

一方、共有環境は、ただ単に環境を共有しているだけでなく、家族を類似させる効果を持った環境のことです。そしてそれは家族と家族の間を異ならせている環境でもあります。例えば山田さんのうちと田中さんのうちとで家にある本の数を比べたら山田さんの家のほうが多かった。この蔵書数のちがいによって、山田さんのうちの双生児たちのほうが、田中さんのうちの双生児たちよりも、卵性にかかわらず賢い子に育っていたとしたら、それは共有環境の影響ということになります。

ただこれも、単に本の数だけで子どもの知能に山田家と田中家の間の差ができたというよりも、それ以外の環境のちがい、例えば親自身が読書している姿を子どもが見る機会や、親が本から得た知識を子どもと話す機会、子どもを美術館や博物館に連れて行く機会など、もろもろの環境のちがいも連動していて、それらが総合的にかかわって子どもの知能に影響していることでしょう。そして子どもの知能にかかわる環境要因のあり方は、家庭ごとに異なり、知能の高い子どもが育っている山田さん以外の家庭では、また別の要因が子どもの知能の発達に影響していることでしょう。そうした家族ごとに異なり、家族の中ではその類似性を高める環境の影響の総体が共有環境の影響として双生児の相関パターンに現れるのです。

実際の共有環境や非共有環境がどうなっているのかは、環境1つひとつの項目について掘り下げ、別途調査をしなければわかりません。もし蔵書数、家庭内の知的会話数、美術館などに行く回数などが、ほんとうに子どもの知能にかかわる環境要因なのであれば、その数をそれぞれ調べて統計的分析にかければ、それが具体的な共有環境の1つであることを確かめることは可能です。しかし調査を行っても個別の環境要因の影響は極めて小さく、寄与率が1％に達しないケースがほとんどです。「親が××をしたら、子どもの○○が△％向上した」と明快に説明できることはまずありません。

共有環境も非共有環境も、双生児の相関係数だけからは、その効果量の総体の相対的な大きさしかわからず、その実体は何だかわからないというのが、もどかしいところではあります。

このもどかしさは、遺伝についても同じです。一卵性の類似性が二卵性の類似性より大きいことから、遺伝の影響があることまではわかりますし、それが環境の影響と比べてどの程度なのかも読み取ることはできます。しかし、どんな遺伝子が具体的にかかわっているかまではわかりません。それをつきとめるためには、分子遺伝学の方法論も使わねばなりません。

またここで注意していただきたいのは、ここで求めた遺伝や環境の説明率は、集団レベルのものであり、個人にあてはめることはできないということです。それは調べたサンプル、またはそのサンプルを抽出してきたもとの集団が持つ全体の個人差のばらつきを、遺伝や共有環境、非共有環境の各要因が何％ずつ説明するかを示したものであって、その割合は一人ひとりについていっているわけではないのです。

例えば体重の遺伝率が80％だからといって、体重60kgの人の80％分の48kgまでが遺伝でできていて、残り12kgが環境でつくられたという意味ではありません。これは日本人の平均体重が60kgだからといって、日本人がみんな60kgだという意味ではないことと似ています。その集団にはいろんな体重の人がいて、その体重のばらつきの原因は、一人ひとり異なる遺伝要因のばらつきと、それぞれに異なる環境要因のばらつきが合わさったものです。そのとき体重のばらつき全体のどの程度の割合がそれぞれの要因によるばらつきで説明できるかをあらわしたのが、この数値なのです。

それじゃあ、一人ひとりの遺伝と環境の状態については、何も考えていないのかと思われるでしょう。決してそうではありません。

例えばあなたの体重が75kgだとしましょう。そしてあなたと同じ年齢と身長の平均体重は65kgだとします。平均より10kg重いわけです。ほかにもあなたと同じ条件で10kg重い人たちがたくさんいるとしましょう。その人たちがみんなあなたと同じ遺伝的素質と環境で育ったとは限りません。あなたは本来、ふつうに食べていれば遺伝的には70kgになる素質なのに、食べすぎがたたって5kgオーバーして75kgなのかもしれない。またある人は遺伝的素質は本来80kgになる人だけれど、ダイエットして75kgなのかもしれません。またもともと75kgの素質の人がふつうの食生活を送っているのでありのままに75kgかもしれません。

このように同じ75kgの人の遺伝的資質と環境にはそれぞればらつきがあり、その総和としてそれぞれの人の体重があるわけです。そして実際は遺伝的素質も環境も、それぞれさまざまにばらついているので、表現型としての体重も人によってばらばらに違う。このときの遺伝のばらつきと環境のばらつきが、相対的にどの程度なのかを示したのが、ここで表した遺伝と環境の説明率なのです。

この考え方は、とりもなおさず多くの人が遺伝の影響を無視して、環境の影響を重視したがるわけを物語っています。あなたの遺伝的素質は、原則として一生変わりません。ですからあなたの体重やＩＱが変わったとしたら、その理由は環境の違いにしかないわけです。それは個人「内」差の原因に過ぎないのですが、それこそがあなた個人にとってはすべて、つまり環境は１００％なのです。

世の中にいる人たちは、みんな遺伝的素質もちがいます。しかし、そのちがいは目で見てもわからない。実際は遺伝的素質のばらつきと環境のばらつきの総和から、世の中のばらつき（個人「間」差）が生まれているわけですが、実感として理解できるのは個人内環境のちがいだけです。だから環境こそが個人差の唯一の原因のように感じてしまうのです。

さて、体重の遺伝率が88％、環境が共有・非共有合わせて12％ということは、体重のばらつきをつくり上げている遺伝のばらつきのほうが環境のばらつきよりも7倍以上大きいことを意味します。道理で、ダイエットしてもなかなか痩せられないわけですね。一方、ＩＱでは遺伝が54％、環境が残りの46％ですから、若干遺伝が大きいものの、遺伝と環境はほぼ半々程度ということになります。

なお、上で示した算出方法は、遺伝子による影響が相加的（足し合わさって形質が表に出てくる）であると仮定しています。遺伝子の効果は必ずしも足し合わせで出てくるとは限らず、組み合わせによって新しい効果が出てくることもあります。これが非相加的遺伝という現象です。これらについては、次の章でもう少し詳しくお話しします。

なお、私たちが実際に遺伝や環境の関係を双生児のデータから分析するときは、必ずしも先述のように単純な方法で算術的に計算しているわけではありません。なぜなら得られた数値はあくまでもある1つのサンプルから推定された値に過ぎず、知りたいと思っている母集団のすべてではないからです。サンプルですから、次に同じ母集団から別のサンプルをとったら、値が少し違ってくるかもしれない。これは誤差です。その誤差の範囲はサンプルの大きさによって異なりますので、それもサンプルの大きさから勘案しなければならなくなります。

そこで行動遺伝学では、構造方程式モデリングという手法を使ってこの問題を解決しています。構造方程式モデリングはかなり複雑な手法であるため、詳細な計算原理はここでは割愛します。ただ手法をイメージで大まかに説明するならば、サンプルの大きさによる誤差まで考慮し、考えられる複数のモデル（遺伝＋共有環境＋非共有環境で説明するモデル、遺伝＋非共有環境だけで説明し共有環境はないことを仮定したモデル、共有環境＋非共有環境だけで説明し遺伝はないことを仮定するモデルなど）が実際のデータにどの程度適合しているかを調べ、最適なモデルを選ぶということになります。

人間の行動のほとんどは、遺伝＋非共有環境で説明できる

知能や性格といったパーソナリティについて、遺伝や環境はどのように寄与しているのでしょうか。図5で示したデータを構造方程式モデリングで分析し、遺伝、共有環境、非共有環境がそれぞれどの程度の割合で説明するかを表したのが図7です。ご覧のとおり、すべて

の行動に遺伝要因が入っているのがわかるでしょう。

例えば私たちの研究室では、一卵性双生児470組と二卵性双生児210組について、性格に関するアンケートを行い、相関係数を算出しました。神経質、外向性、開拓性、同調性、勤勉性の、いわゆるビッグ5については、だいたい30~50%が遺伝によるもので、残りは非共有環境です。これ以外にもいろいろな性格のとらえ方がありますが、ほとんどの性格特性は、遺伝と非共有環境によって説明されるということがわかっています。

また認知能力について、一般知能はおおむね5割以上が遺伝の影響で説明され、共有環境の影響もあることが図7からわかります。そして遺伝の影響力は成長とともに徐々に上がることもわかります。ふつう長く生きていれば、それだけ環境の影響が大きくなりそうな気がするのに、実際は逆です。環境にさらされる時間が長くなるほど、逆に遺伝的素質があぶりだされてくるようです。学業成績も遺伝の影響が50%以上あり、一般知能と同様に共有環境の影響も見られます。

先ほど、共有環境や非共有環境の中身を知ることは難しいと述べました。ただ、別の研究から学業成績に影響を与えていそうな環境要因が1つ明らかになっています。

それは、物理的あるいは時間的な秩序の度合いを示す、「CHAOS」という尺度です。要するに、家の中が散らかっているとか、時間にルーズといったことを指します。ただ、学業成

図7　さまざまな形質の遺伝と環境の割合

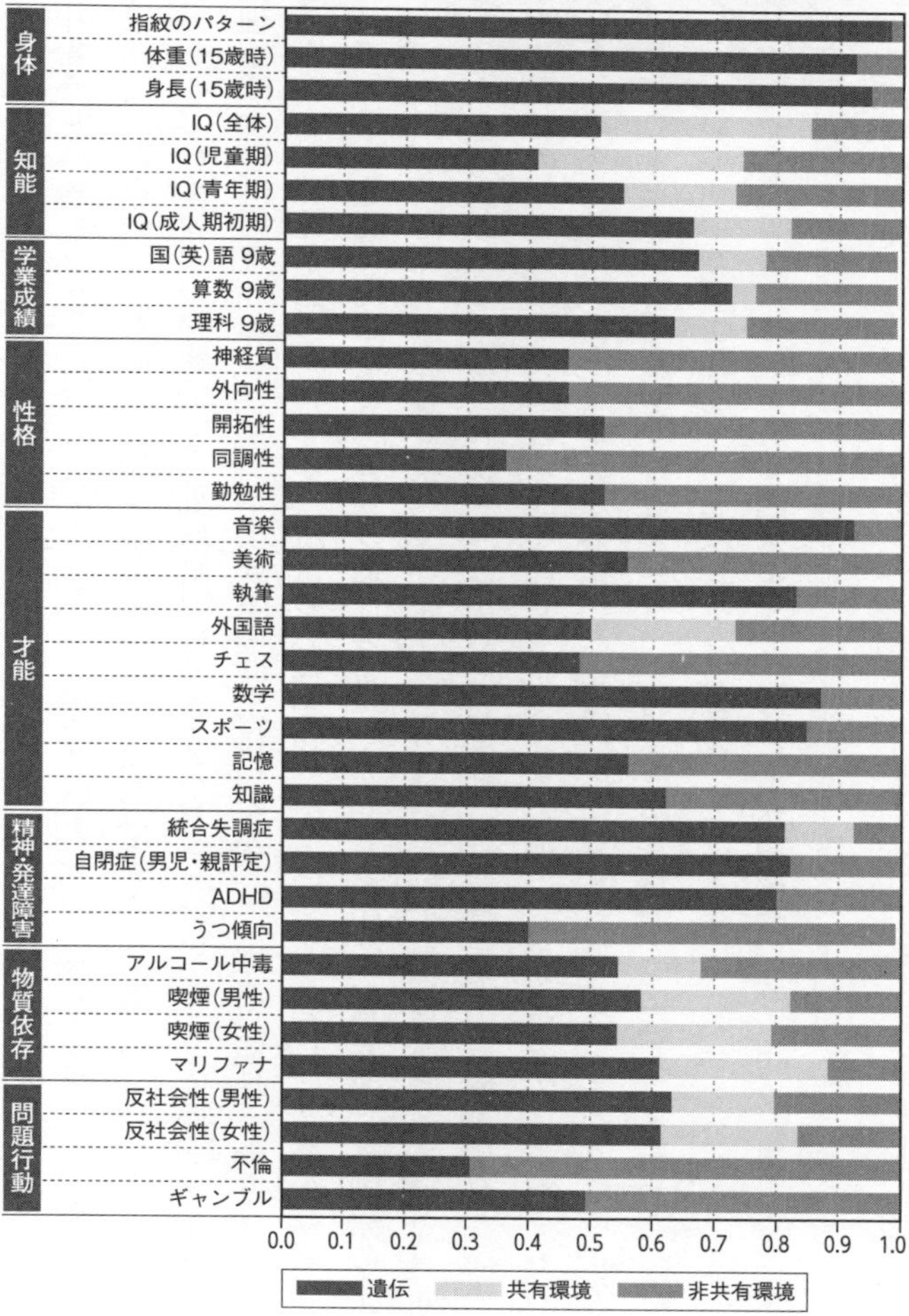

績とCHAOSには相関関係はありますが、CHAOSが低いから学業成績の向上につながるという因果関係があるかどうかについてはよくわかっていません。学業成績とCHAOSの間に因果関係があるかどうか明らかにするためには、被験者の家庭状況を時系列で調査する必要があり、これは今後の課題です。現段階ではっきりしたことはいえませんが、もしかしたら整理整頓や時間厳守のしつけは、学業成績の向上につながっている可能性もあります。

図7のように各種才能については、遺伝の影響が強く出ています。特に、音楽や執筆、数学、スポーツの才能に関しては、軒並み遺伝の寄与率が80%を超えています。外国語の才能についてのみ、共有環境の影響が現れています。これは、家庭で共通に話されている言語が影響を与えているものと考えられます。しかしそれ以外には共有環境の影響が現れていません。ただしこのデータは、実際の才能をパフォーマンスで測ったのではなく、それぞれの分野で「4：プロかプロ並みにできる」、「3：人並み以上にできる」、「2：ふつう程度にできる」、「1：できない、またはやったことがない」の4段階で自分で評定してもらった得点で分析したものですので、あくまでも目安にすぎません。

精神疾患や発達障害についても、図7に見るように遺伝の影響が強く出る結果となりました。統合失調症や自閉症、ADHDについては80%程度が遺伝によって説明されます。

共有環境の影響が大きく見られたのは、物質依存に関する調査です。アルコールや喫煙、マリファナに関しては、特に共有環境が強くなっていますが、これは実際にモノが家に置かれている状況が共有環境として働いていると考えられるでしょう。

見えてきた遺伝の真実

ここまでの結果から、知能や性格、そしてさまざまな分野における才能についても、遺伝があまねく、そして無視できないほど大きく影響していることがわかりました。

もう1つ注目すべきは、外国語の才能や物質依存などを除けば、共有環境の影響がほとんど見られず、個人差の大部分は非共有環境によって成り立っていることです。共有環境は基本的には家庭環境や親の影響ということです。

先述したとおり、共有環境の中身については、個別の項目ごとに調査をして明らかにしていく必要がありますが、家庭における親の子育ての仕方は子どもがどう育つかにあまり影響を与えていないと考えられます。

これは人によってはかなりショッキングな事実かもしれません。

次章では、行動遺伝学がもたらした知見をどう解釈していけばよいのか考えていくことにしましょう。

第4章 遺伝の影響をどう考えるか

親を見たら、子はわかる？

知能や性格、そしてさまざまな分野での才能に、遺伝が大きく影響している——。

こう聞くと、たいていの人は「親の特徴がそのまま子どもに受け継がれる」と考えてしまいますが、これは誤解です。

簡単なモデルを使って、遺伝の仕組みを説明しましょう。

大前提として、先にも述べたように、何らかの形質に関わる遺伝子は2本1対の染色体上に乗っており、精子や卵子がつくられる際、染色体のどちらか片方がランダムに選ばれます。そして、精子と卵子が受精して、相手の染色体と新しいペアをつくり、受精卵となります。何らかの形質に関わる遺伝子は、父と母それぞれから半分ずつ受け継がれます。

どのような遺伝子のペアを親から受け継ぐかによって、子どもの形質は変化します。ここでは、5対の染色体上に5対10個の対立遺伝子が載っており、その組み合わせによって形質が決まると仮定します。さらに、それぞれの遺伝子には、形質を「並」み（つまり平均）に留めるものと、平均より「高」くするもの、そして平均より「低」くするものの三種類があります。それを、平均を基準値の0として、「+1」と「-1」とします。これら遺伝子の効果の合計量が形質（この場合は遺伝的な素質）になると考えます。これを「相加的遺伝効果」といいます。

父親、母親の遺伝子が、次頁の図8のようになっているとします。

この5対10個の遺伝子の値の合計量がその人の遺伝的資質（遺伝型値）ですから、父親は「2」、母親は「5」です。

この2人が結婚して生まれた子どもの形質はどうなるでしょうか？　遺伝子のペアからどれか1つが選ばれ、片割れの遺伝子と新しいペアをつくるのですから、子どもの形質は一番効果の少ないパターンだと左側の組み合わせ、一番効果が増えるパターンで右側の組み合わせとなります。このように子どもの遺伝型値は、-1から8の範囲になります。一番低ければ両親のどちらよりも低く、また一番高ければ両親のどちらをも上回るわけです。この一組の両親から生まれる可能性のある子どもの遺伝的資質のバリエーションは、この範囲の中で散らばり、どんな遺伝型値の子が生まれるかはババ抜きのような確率現象です。その確率は、いわゆる二項分布に従います。

実際の形質には5対どころではない多数の遺伝子がかかわっていると考えられます。「多数の」は英語でpoly（ポリ）といい、「遺伝子」はgene（ジーン）なので、このような遺伝様

図8

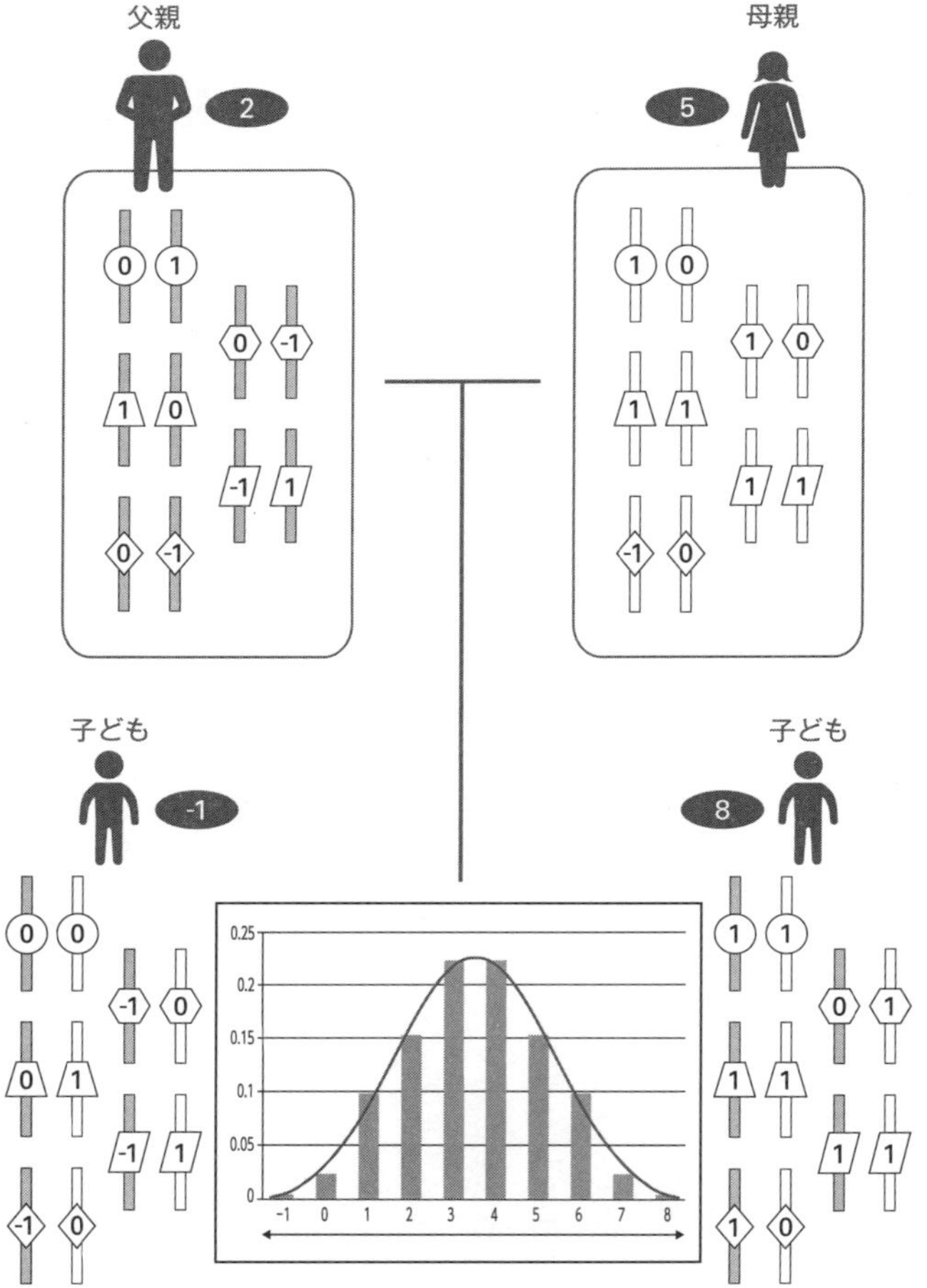

式をポリジーンといいます。ポリジーンでは何十、何百もの遺伝子がかかわっていると考えられ、しかも環境の影響もさらに加わると考えられているので、子どものバリエーションはかなり幅広くなります。その分布はさらに滑らかなものになり、正規分布に近いものになるでしょう。

子どもの形質がどうなるかはあくまでも確率であり、両親の値を足して2で割ったくらいの子どもが生まれる可能性が一番高いのは確かです。そのため、両親の値が両方とも高ければ値の高い子ども、両方とも低ければ値の低い子どもが生まれやすくはなります。しかし重要なのは、同じ親からさまざまな遺伝的素質の子どもが生まれるということです。

さらに注意してほしいのは、単純に遺伝子の効果を足し算するだけでは形質は説明しきれない場合があるということです。その代表例が、有名な「メンデルの法則」です。メンデルの法則では、「丸」と「しわ」のエンドウ豆を掛け合わせると、すべて「丸」になるというケースが起こり得ます。遺伝子に「A」と「a」の2種類があり、優性と劣性の関係がある場合がこれに当てはまります。例えば、親の遺伝子が「AA」と「aa」だった場合、子どもの遺伝子ペアはすべて「Aa」となり、優性である「丸」の形質が発現するというわけです。もしこれが相加的な効果だとしたら、「Aa」は「丸」と「しわ」のちょうど真ん中くらいのゆるい「しわ」加減になりそうなものですが、このように一方の形質が優勢になって表れる。これは血液型でもそうです。「BB」でも「BO」でも、同じように血液型はB型になります。このように単純な足し合わせではない遺伝の仕方を「非相加的遺伝」といいます。

メンデルの法則では非相加的遺伝は一対の対立遺伝子の間での話でした。これがポリジーンではたくさんの対立遺伝子の間での話になります。つまりたくさんの遺伝子の組み合わせがどのようなものかによって、その効果が異なるというものです。たとえていえば、ポーカーの役のようなもの。ポーカーは5枚のカードの数字の合計点で競うのではなく、どんな組み合わせかで競います。一枚でも異なれば、役がつかないか、別の役になります。それと同じように、いくつもの遺伝子がセットで意味を持ち、そのセットの中の遺伝子が1つでも異なるとちがった機能をもつような遺伝様式です。

この遺伝様式は、進化の過程でなぜ適応に不利になるような遺伝子が今に至るまで生き残っているかを説明する1つの可能性を示唆しています。アフリカや地中海沿岸には鎌状赤血球貧血症という遺伝病があります。これは一対の遺伝子のペアが、「aa」だと発症し「AA」だと健常です。発症すると成人までに死に至るほどの重い病気です。そんな重い病気にかかわる遺伝子ならば、進化の過程でこの「a」は淘汰されてなくなってしまいそうなものです。ところがなぜ今も残っているのか。それは「Aa」という組み合わせでaが使われると、この地域に多いマラリアにかかりにくくなるからなのです。

このように非相加的遺伝効果があると、ある遺伝子の意味を多義的に考えねばならなくなります。鎌状赤血球貧血症の遺伝子は、同時に抗マラリア遺伝子でもあるわけです。まさに評価が白黒正反対になる場合すらある。適応に不利な遺伝子かと思っていたら、それが別の遺伝子との組み合わせによっては適応に有利な遺伝子として働いているのかもしれない。

第2章で「一般性格因子」の話をしたときのことを思い出してください。性格のビッグ5を組み合わせて1つの数値にしてあらわした「一般性格因子」です。これは外向的で心が安定していて知的好奇心も協調性もあり、そして真面目な傾向のことで、これが高い人は見るからに「よい性格」、これが低ければ「悪い性格」ということになりそうです。こんな「よい性格因子」の物差し一本で人を序列化するなんてとんでもないと思いつつも、統計的にはこれがさまざまな社会的適応性と相関があるので、無視できなくて困っているといいました。

非相加的遺伝の効果は、一卵性双生児では同じになります。すべての遺伝子のセットが同じですから。しかし親やきょうだい、二卵性双生児では、遺伝子の組み合わせが異なりますので、遺伝子を50％共有しているとはいえ、その類似性は一卵性の半分にはならず、それよりも類似性が低くなります。ですから双生児法では、二卵性の相関係数が、相加的な遺伝効果で予想される一卵性の相関の半分よりも小さい場合に、この非相加的遺伝効果があると考えます。脳波のスペクトラムや統合失調症、そしてパーソナリティなどにしばしばこのパターンが見られます。

そして一般性格因子にもこのパターンが見いだされるのです。私たちのデータでは一卵性の相関が0・5、二卵性が0・2。構造方程式モデリングによって適合度の高いモデルを探索すると、ビッグ5の1つひとつの性格得点は、相加的遺伝と非共有環境から成り立っているのですが、これらを合わせた一般性格因子得点だと非相加的遺伝の効果があることがわかりました。

これはとても興味深い結果です。ひょっとしたら、遺伝の不平等の問題を解決できる素晴らしい結果かもしれないのです。

相加的遺伝効果だけだと、それは得点を高くする遺伝子をたくさん持っていれば持っているほど適応に有利になります。「かけっこ王国」のかけっこの能力や、どこかの国の知能などはその傾向が強い。その状態が長く続くと、それを低くする遺伝子は淘汰されてしまうかもしれません。しかし非相加的遺伝の効果があると、ちょうど鎌状赤血球貧血症の遺伝子のように、ある条件では不利だけれど、別の条件では有利になっているのかもしれないわけです。

これを示唆する出来事はいろいろあります。例えば統合失調症には非相加的遺伝効果が見られます。もしこの疾患がただ不適応なだけならば、進化の過程で淘汰されてしまったでしょう。しかしいまなお100人に1人といわれるくらい多いのは、この遺伝子が別の遺伝子と組み合わさるとなにか有利な働きをするのかもしれない。天才といわれる人の中に、この疾患を持っていると思われる人がいます。統合失調症とIQとは必ずしも相関がないことが示されてはいます。しかしもしこの疾患が示すある種のイメージ統合の「非凡さ」が知能や好奇心、完成するまで作業に取り組み続ける勤勉さなどと結びつけば、人類にとっての宝となるような天才的な業績を生むかもしれません。

同じような意味で、一般性格因子をつくりあげる5つの性格で、例えば内向的で情緒も不安定、知的好奇心も狭いうえに愛想も悪い、だから一般性格因子得点は決して高くないのだけれど、勤勉性だけはそこそこ高かったとします。そういう人は大都会で営業マンになるには向かないでしょう。しかし山奥で一人こつこつと木工細工だけに没頭する仕事には向いているかもしれません。長い間その仕事に携わる中で、木の特性についてだけは深い知識を学び、木を加工する技術も磨き、誰にもつくることのできない素晴らしい家具をつくるようになるかもしれません。その気難しさから、とっつきにくくて、お世辞にもいまはやりの「コミュ力」があるとはいえないその偏屈な職人さんは、しかしその偏屈な勤勉さのおかげで、なまじ外向的で愛想のいい人よりも安定した信頼できる仕事ぶりを発揮し、世間で高く評価されるようになるかもしれません。そうなると、愛想の悪さや内向的であることが、決して適応的でないとはいえないわけです。

性格というものには、そうした非相加的な意味があるのではないでしょうか。私のカラープリンター理論が表しているように、性格は3つかせいぜい5つの特性を組み合わせることで無限の色あいを持った性格をつくり出せます。橙色が群青色よりも優れているわけでもなければ、黒が白より劣っているわけでもない。それぞれの色がそれぞれの働きをし、ほかの色との組み合わせの中で、それぞれに重要な意味をもって絵画の中で生かされている。そういうことが遺伝子レベルでもあるからこそ、非相加的遺伝効果が表れ、そして一見、適応的でないと思われる遺伝子も、今に残っているのではないかと推察されるのです。もしそうだとすれば、遺伝的な不平等と思われることも、実は不平等ではないといえるかもしれない。

このように遺伝には、相加的遺伝と非相加的遺伝があり、さらに個々の形質には多数の遺伝子がかかわってくるとなると、親とまったく同じ特徴を持った子どもが生まれることは極めてまれだということがわかります。わたしが「遺伝は遺伝しない」という所以です。

家庭環境がどの程度子どもの才能に影響を与えるか?

親が芸術家やスポーツ選手で、子どももその道に進んだというケースは、みなさんも身の回りで見聞きしたことがあるでしょう。有名人の自叙伝などを読んでも、親もプロだったり、アマチュアでもすごく活躍していたりという話がたくさん出てきます。

子どもが親と同じ道に進んで、活躍できるかどうかは、遺伝なのでしょうか。それとも、家に代々伝わる文化の伝達なのでしょうか。

私たちの研究チームでも、スポーツ、音楽、美術、読書、そして学業の5領域について、親が子どもに直接教えたこと、あるいは間接的に教えたことが、子どものそれぞれの領域への好みや、それに費やす時間などに影響をどう与えるかについて双生児法を用いて調査したことがあります（未発表）。

スポーツならば、親といっしょにスポーツ観戦をしたとか、キャッチボールをしたかどうか、音楽ならば子どもと音楽鑑賞をしたり、親が楽器を習わせたりといったことが直接的なかかわり、自分自身が本を読んだり音楽聞いたりする姿を子どもに見せているというのが間接的なかかわりです。それが子どもからみてどの程度かを、子ども自身の好き嫌いや実際にする時間といっしょに尋ねたわけです。するとまずそのほとんどで、親の行動を子どもがどうとらえているかという点では一卵性も二卵性も変わりがありませんでした。つまりその意味では、これらは確かに「共有環境」でした。

ところが、子ども自身がそれぞれのことがらを好きか嫌いか、それらにどのぐらい時間を費やしているかについては、ほとんどが遺伝と非共有環境だけで説明できてしまい、共有環境として効いていないものが多いという結果でした。その環境の強さが子どものそれぞれのことがらについての好き嫌いや費やす時間といった子ども自身の側面に対しては関係せず、「共有環境」として効いてはいないようなのです。かろうじて共有環境の効果が見られたのは、母が子どもに間接的に示す環境が娘のスポーツ観戦にかかわること、あるいは父親が自分で本を読んでいる姿を見せると息子が読書を好むようになることぐらいでした。

親と子どもがいっしょにキャッチボールをする、サッカーをする、あるいはバイオリンを習わせるといったことで、子どもが持っているボトムラインの能力を引き上げる可能性はそうでない家庭より高まることはありえます。しかし、子どもがそれを本当に好きになり、それに時間をかけてやるようになるかどうかには、それほど影響していないようなのです。むしろ子ども自身の遺伝的素質と、一卵性きょうだいでも異なる一人ひとりに特有な何かの環境が、その源のようです。もちろんその一人ひとりに特有な環境が家庭の中で、あるいは親のふるまいの中にきっかけとしてあった可能性は大いにあります。ですから親が不要とか家庭は意味がないといっているわけではありません。ただ、その親に育てられれば誰でも野球好きになるとか読書が嫌いになるというような単純なものではないということです。

勉強するのはムダか？

学力や知能は遺伝的な影響力が大きいわけですが、そうなると勉強することはムダなのでしょうか？

誤解を招きやすいのですが、ここまで述べてきた学力や知能といった能力は、私たちが住んでいる知識社会と教育を前提にしています。私たちの社会は、自分一人の力だけでは学べない膨大な知識の上に成り立っており、社会はつねに解決しなければならない問題に満ちています。その社会に適応し、自分が直面する社会の問題を解決するためには、その社会をつくりわれわれを生かしてくれている知識を誰かに教えてもらわなければなりません。そうでなければ社会的生活を営むことは不可能です。その意味で、教育は人間が生きる上で不可欠な学習様式であり、人間は教育によって学習すること、つまり勉強することは、生きる上で絶対に必要なことです。ですから、学習や勉強はムダであるどころか、必ずみんながしていることであり、しなければならないことです。

そのことを前提としたうえで、学力や知能に遺伝的な影響があるというのは、同じように教育を受けたとしても、どの領域でどの程度のレベルに行けるかどうかが、各人の遺伝的な素養によって、ある程度規定されているということです。

スポーツでオリンピックに出場できる、世界的なコンクールでヴァイオリンを演奏する。そうした能力とは違い、学力は、教育さえ受けて、ちゃんと努力すれば平等に伸びていく……。これはいまでも親に、教師に、行政や企業の人々に、そして誰よりも学習者自身に、信仰のように信じられているように思われます。

確かに誰でも鉄棒があればぶら下がり体を揺らすことは学べます。しかし逆上がりができない人がすでにおり、大車輪は多くの人ができません。ヴァイオリンを手にしたことのない人はたくさんいると思いますが、ただ肩に抱えて弓を当て、弦をおさえてギーギーときらきら星を弾くだけなら、教わればだれでもできるでしょう。私も心酔した鈴木メソッドなら、ほとんどの人がヴィヴァルディのコンチェルトですら、弾けるようになります。しかし誰でも五嶋みどりになれるかといったら、そうでないことは、これも誰でも認めると思います。にもかかわらず、努力して、工夫して勉強さえすれば、誰でもいい大学に受かることができる。その能力だけは万人に平等に与えられているという信仰に、しがみついている人がいまでも少なくないのはなぜなのでしょう。残念ながら、行動遺伝学の研究結果は、その信仰を否定することになりました。

すべては生まれながらの才能で決まる？

才能が遺伝することに関する大きな誤解の1つは、何もしなくても才能が発現すると考えてしまうことです。

外国語の成績に遺伝の影響があるからといって、一度も聞いたことのない外国語を滑らかに話せるはずはありません。どんな才能であれ、未知のことを学んだり、鍛錬したりすることなしに、発現することはないのです。

それでは結局のところ、大事なのは環境ということになるのでしょうか？　遺伝的な才能がどうであっても、環境によって人間は変えられるといえるのでしょうか？

人間の持っている能力には、膨大な数の遺伝子が複雑な形で関係しており、あなた自身を環境に適応させようとしています。環境が変化すれば、適応の仕方も変わってきます。

逆にいうと、同じ環境に置かれても、遺伝子が異なれば、異なる適応の仕方をするということになります。例えば、学校で同じ科目を習っても、飲み込みの速さや正確さであるとか、やる気のあるなし、努力しようという気になるかならないかなど、人によってまったく異なっているのが当たり前です。遺伝と環境の両要因がともに働きあって才能は発現するわけですが、一見同じ経験をしたとしてもそこから何が引き出されるのかは人によって違ってきます。そこに遺伝のちがいがかかわってきます。さらに一卵性双生児であっても、100%完全に同じ経験をすることはできませんから、才能がどう発現するかにもまた違いが出てきます。これが非共有環境です。ですから、ほとんどの形質は、遺伝と非共有環境によってつくられているといえるのです。

才能がある人は何が違う？

遺伝の影響があるとはどういうことなのでしょう。天才に関するエピソードを読んでいると、彼らには「先が見えている」と思わされることが多々あります。これは必ずしも科学的エビデンスに基づく話ではないのですが、遺伝的才能について私なりに思うことです。

自分がどこまで行けるか、そのためには何をしたらよいのか。まだだれもやったことがあるのを見たことがない、実現されたものを見たことがない、その意味で環境の中にないにもかかわらず、彼らにはそういうことが何となく見えている。そしてそこにたどり着くために、強いストレスをかけて努力をし（本人は努力と思っていないことも多いのですが）、さまざまなアイデアと工夫を凝らし、それを成し遂げてしまう。

野球選手のイチローもおそらくそうでしょう。よい成績を出すために必要な能力がどういうものか彼の中では明確に見えており、それを実現するためにどういうトレーニングや栄養管理、日々の行動管理をする必要があるのかがわかっているのではないでしょうか。モーツァルトやアインシュタインもそうだったのではないかと思います。

私の高校時代の同級生に、スーパーコンピュータ「京《けい》」の開発責任者として知られる井上愛一郎氏がいます。彼が新入社員だった頃、冗談交じりに「ぼくが使っているパソコンを設計したのは君かい?」と尋ねたことがありました。彼は「ばかをいえ。僕はあんなまぬけな演算装置より、もっとずっと美しいものを考えているんだ」と答えました。自信家の彼らしい答えだと思いましたが、その後、彼は本当に「京」を完成させてしまいます。

「京」の完成後、井上氏に話を聞いたところ、「僕は未来の記憶を持っている」とのたまい、「京」ですら彼が考えているコンピュータを実現する通過点にすぎず、お金や技術的な制約があるからあの程度なのだというのです。彼には「コンピュータはこうなるのが当たり前」というビジョンが見えているのですが、他の人にはそれがまったく見えていません。

科学的な表現とはほど遠いのですが、遺伝的に突出した才能がある人は、他人が外から気づく前に自分の中で「見えている」のだと思います。

天才と呼ばれるような人でなくとも、自分にはわかる、できるという感覚を持ったことがある人は多いでしょう。私自身、大学院に進んだとき、「自分は遺伝のことを解明できる」という感覚を持っていました。ほとんどの学生や教授は遺伝の影響なんてものは解明できるわけがないからテーマにするのはやめておけというのですが、私にはどうしてそんなことをいうのだろうと不思議で仕方ありませんでした。

自分にはこれができる、これが好きだ、逆にこれは向いていないからやめておけ。そうした内側から沸き上がってくる感覚というのは、自分が生まれ持っている遺伝をもとに、環境が出会ったときに生じるのだと私は考えています。そういう内なる感覚に導かれて、人は何かに専念し、そこにリソース（資源）を集中的に投入することで才能が発現していくのではないでしょうか。

遺伝的な素質はあとから変化することもある？

遺伝的な素養が環境を選択し、適応しようとすることで才能を発現させる。そうはいっても、内的な感覚だけに基づいて環境と遺伝の関係を説明されても、いまひとつ納得できないという人もいるでしょう。

しかし、近年の分子遺伝学の進歩によって、環境と遺伝がどのように作用しているのかも分子レベルで分析できるようになりつつあります。

カギとなるのが、「エピジェネティクス」です。

生物学においては、DNA上の遺伝情報（＝遺伝子）を元にタンパク質が合成され、さまざまな形質が発現するという、セントラルドグマ説が中心的な原理とされてきました。

ところが、同じ遺伝情報を持ちながら、細胞や個体のレベルで違う形質が現れることがあります。こうした現象を調べていくと、DNAメチル化やヒストンのアセチル化等の化学的修飾といった反応が起こり、それによって、遺伝子の発現の仕方が異なってくる。こうした現象を総称して、「エピジェネティクス」と呼びます。まだ緒についたばかりの研究領域ではありますが、すでに母親が妊娠期に極端に栄養の乏しい環境やストレスの強い環境にさらされると、胎児の遺伝子にエピジェネティックな変化が生じ、肥満や神経質さを増すという現象が、ネズミや、人間でも報告されています。つまりエピジェネティックな変化が環境によって引き起こされる可能性があるわけです。しかもこの変化が孫の代まで伝わる可能性すら示唆されています。

ある遺伝的な性質が特定の環境を媒介として発現する仕組みが、分子レベルで解明されたのは、非常に画期的です。

双生児によるエピジェネティクスの研究も進められています。どこにどの程度のエピジェネティクスな変化が起こるかの個人差が、ある程度遺伝的に制御されていることが、双生児法をエピジェネティクスに当てはめることでわかりました。さらに最近特に注目が集まっているのは、まったく同じ遺伝配列を持つ一卵性双生児でありながら、片方は病気を発症し、もう片方は発症しない。こういう不一致一卵性双生児のケースにおいて、どの部位にエピジェネティクスな変化が起こるのかを調べるわけです。エピジェネティクスな変化を捉えることができれば、仮に遺伝的な糖尿病のリスクを抱えている人であっても、発症を抑えられる可能性があります。

知能や性格などについてはあまりにも環境要因が複雑であるため、エピジェネティクスな変化を簡単に捉えられるとは思いませんが、ひょっとしたら数十年後にはそうした技術が生み出されるかもしれません。

収入と遺伝に関係はあるか？

知能や性格を始めとしたさまざまな心的な能力は、遺伝の影響がおおむね50％程度あることがわかっています。

となると、人生もまた遺伝によって大きく左右されてしまうのではないか。遺伝の影響と聞いて多くの人が心穏やかでいられないのは、社会的な格差が遺伝によって生まれながらに固定され、一方的に不利益を被《こうむ》ることになる、そう恐れるからでしょう。

それでは、人生において誰もが気になるお金、より具体的に「収入」に遺伝の影響はあるのでしょうか?

人が得る収入は、その時代の景気やタイミングといった個人ではどうしようもないことに大きく左右されます。また、親が資産家であれば、事業を興すにしても有利になるかもしれません。

もし、前者の影響が大きいというのであれば、非共有環境が大きいと考えられますし、後者のように親の資産や社会的地位が影響するなら、共有環境が大きくなってくるはずです。

アメリカの行動遺伝学者ロウらは、きょうだいと半きょうだい（片親が同じきょうだい）に対する研究により、収入の42％が遺伝、8％が共有環境、50％が非共有環境によって説明できることを示しました。

また、スウェーデンのビョルクルンドらは、双生児ときょうだいのデータに基づき、収入への遺伝の影響は20～30％、残りは非共有環境であると算出しました。意外なことに、どちらの研究からも共有環境の影響は大きくないことがわかります。

しかし山形や中室らによる日本の20歳から60歳までの1000組を超す大規模な双生児

図9　収入への遺伝と環境の影響（男性）

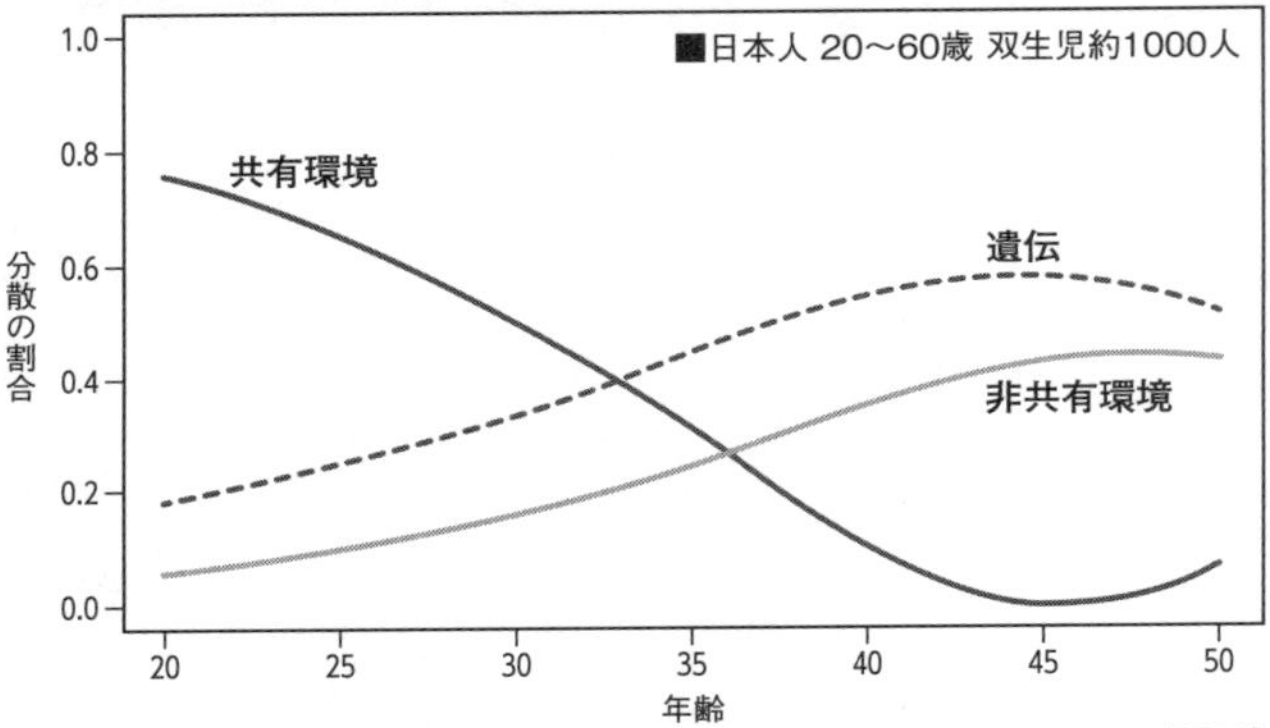

Yamagata , Nakamuro, & Inui,(2013)

データからは、もっと興味深い結果が出ています。この研究でも全体でみると収入に及ぼす遺伝の影響は約30％でした。ところが年齢まで考慮してみると、就職し始める20歳ぐらいのときは遺伝（20％程度）よりも共有環境（70％程度）がはるかに大きく収入の個人差に影響していることが示されました。ところが年齢が上がるにつれ、その共有環境の影響はどんどん小さくなり、かわりに遺伝の影響が大きくなって、最も働き盛りになる45歳くらいが遺伝の影響のピーク（50％程度）になり、共有環境はほぼゼロになるのです（図9）。若いときの初めの就職口は、しばしば親や親族のコネやツテ、助言などに影響を受けますので、収入もその影響を受けます。しかしそんな親の七光りが通用するのも初めのころだけで、だんだん独り立ちして自分の実力が問われるようになるにつれて、その人自身の遺伝の影響が強くなるというのは、非常にもっともらしいと思いませんか。

ただしこれは男性に限っての傾向です。女性については、仕事の有無を区別しなければ、収入に対する遺伝の影響は、生涯にわたりほぼゼロのままという、これも驚くべき結果でした。遺伝の影響がゼロというのは、一見よさそうにも見えますが、これは裏を返せば、女性は自分の潜在能力がまったく収入に反映されないことを意味します。

前記の研究から、収入に対する遺伝の影響はとりあえず2～4割ということにしておきましょう。それでは、この遺伝の影響とはいったい何なのでしょうか。

ロウは、収入とＩＱおよび教育年数の相関を調べ、その結果、収入に与える遺伝の影響のうち、ＩＱや教育年数によって29％が説明できることを示しました。しかし、逆にいうと（遺伝要因のうちの）71％はＩＱや学歴では説明できないということです。山形らの日本の研究でも、学業成績や教育年数の遺伝要因によって収入の遺伝的影響のおよそ半分が説明されましたが、残る半分（15％程度）はそれ以外の遺伝要因です。つまり、勤勉性などのパーソナリティといった形質や、まさにそれぞれの職業に直結する能力の遺伝要因も収入に影響を与えていると考えられます。

貧乏な家に生まれたら、もう諦めるしかない？

先述したように、収入には遺伝の影響が2～4割程度あるということがわかっています。この遺伝の影響を私たちはどうとらえればよいのでしょう。遺伝の影響によって収入が変わるのであれば、収入が低い家に生まれた子どもには明るい将来がないのでしょうか？　注目すべきは、共有環境の影響があまり大きくないということ。親の資産や社会的地位は、どうやら大きくなったときの子どもの収入にはあまり関係がないようなのです。

一方、遺伝の影響は、環境の条件によって異なってくることも、最近の研究からわかってきています。例えば、青年期の知能についていうと、社会階層が高いと遺伝の影響が大きく、低いと共有環境の影響が大きいのです。なお、ここで述べているのは遺伝や共有環境の個人差の影響が大きいか小さいかであり、知能の高低ではないことに注意してください。これは次のように解釈することができるでしょう。

まず、家が金持ちでも貧乏でも、遺伝的に知能の高い人もいれば低い人もいます。親が金持ちの家では、子どもはおしなべていろんな環境にアクセスする機会が増えます。知的能力を必要とする活動から、あまり必要としない活動まで、子どもの接する環境の選択肢が増えることで、その子が本来持っていた遺伝的素養が発現しやすくなるわけです。

貧しい家の場合、環境の選択肢はどうしても少なくならざるをえません。親が知的でない趣味を好むのであれば子どももそれに引きずられますし、知的な活動に投資する親であれば、やはりその影響を受けるでしょう。子どもが選べる環境の選択肢が少ないため、遺伝的な素養（それがどんな素養かはわかりません）が発現する確率が金持ちの場合よりも低くなるわけです。

これは別の見方をすれば、まさにトルストイが『アンナ・カレーニナ』の冒頭に置いた有名な一句「幸福な家庭はどこも似通っているが、不幸な家庭はそれぞれに異なる」が、行動遺伝学的にどういう意味かを示しているように見えます。裕福な家庭はアクセスできる環境条件の豊かさという点でほぼ均質なので、相対的に遺伝のばらつきが目立ってくるが、貧困な家庭はそれぞれに異なった環境条件なので、共有環境のばらつきが目立つというわけです。

悲観的な気持ちになるかもしれませんが、逆にいえばこれはとくに貧困階層に対する社会的な政策が重要であることも示唆しています。つまり、貧しい家庭でも知的な活動が行えるような補助を行うことで、遺伝的な知的才能を発現させるチャンスを増やせる可能性がある、ということです。

優秀な家系は存在する?

知能を始めとする形質が遺伝するというのであれば、「優秀」な形質を持った人同士の結婚を繰り返すことで、「優秀」な家系が生まれるのでしょうか?

遺伝の影響を考えるとこれは当然出てくる疑問です。ゴールトンの優生学を思想的な背景としたナチスは優秀な家系、民族をつくることは可能だと考え、種々の優生施策を実行に移しました。優秀と目された人は子どもをつくることを奨励されたり、劣っていると判断された民族は不妊実験の対象となったり、中絶を強制されたりしたのです。

もちろんこんなことは倫理的に許されませんし、ここまで読んでいただいた方にはお分かりのように、優秀な親から優秀な子どもが生まれるとも限りません。それでは、倫理的な是非は別にして、優秀な家系というものは存在しないのでしょうか?

1960年代頃から、行動遺伝学ではマウスを使った交配実験が行われてきました。中でも有名なのが、ディフリースらの行った実験です。ディフリースらは、活動性の高いマウスと低いマウスの2グループに分け、グループ内で交配を行いました(図10)。

活動性の高いマウスから生まれた活動性の高いマウス同士を掛け合わせ、一方では低いマ

図10 マウスの活動性について選択的交配を30世代続けると

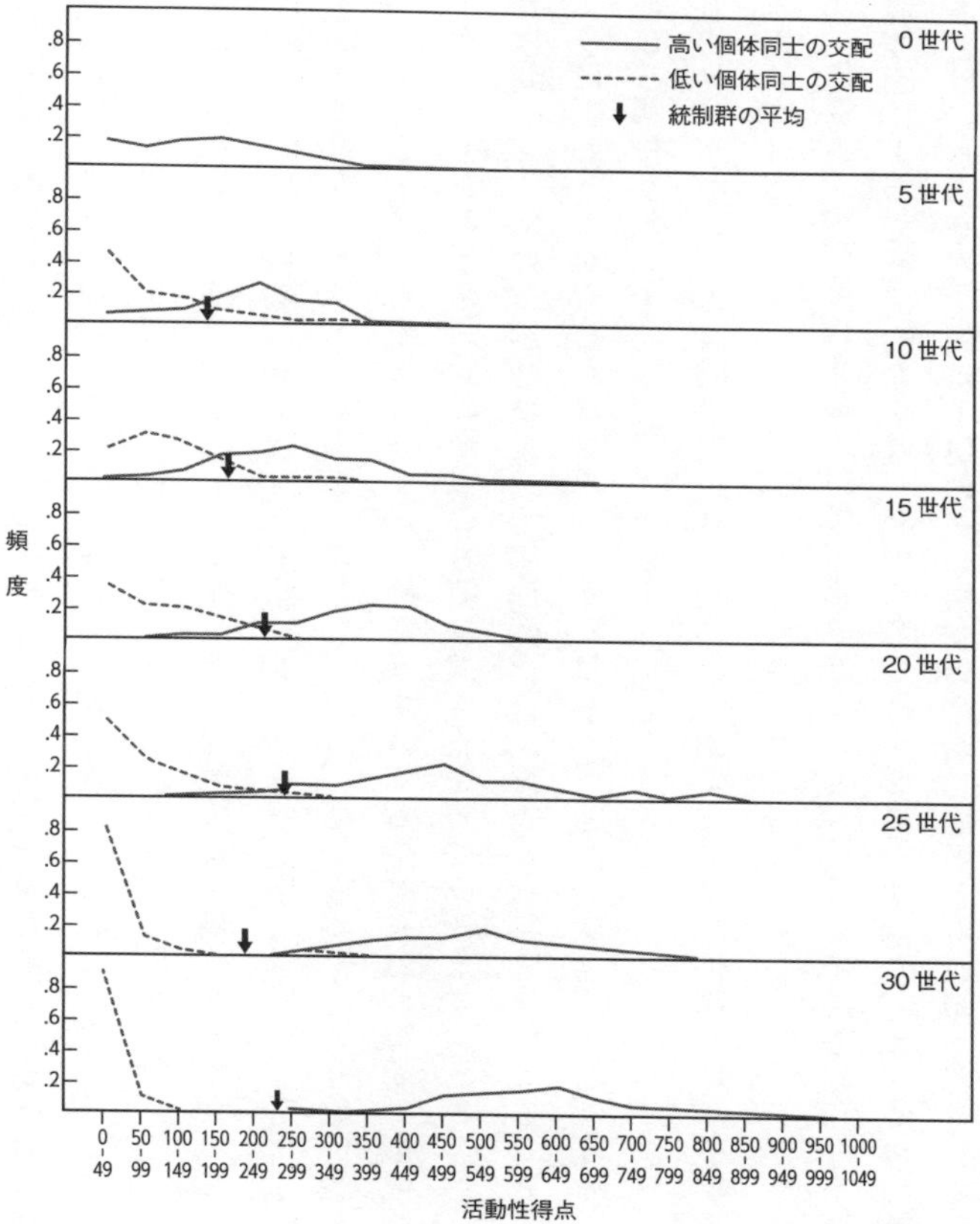

DeFries, et al（1978）

ウス同士を掛け合わせるようにしたのです。そうして世代を重ねると、生まれながらにして活動性の高いマウスと、低いマウスができることがわかりました。ただし、はっきりと形質が区別できるようになるまでには、約30世代かかっています。人間の30世代といえば、100年以上にはなるでしょう。また、このネズミの実験では平均への回帰が見られます。活動性の高い、いわゆる優秀な親ネズミからは、親よりも優秀な子ネズミが生まれる一方で、それほど優秀ではない子ネズミも生まれました。一方、活動性が平均より低い親ネズミからは、親よりも劣るネズミも生まれますが、優秀なネズミも生まれるのです。世代を経るほど、親ネズミから生まれる子ネズミの形質の分散は大きくなっていきます。

これだけ聞くと、掛け合わせによって平均的には「優秀な家系」をつくることも不可能ではないように思われるかもしれません。しかしばらつきもまた大きくなる。不平等感を生むのは、むしろばらつきです。

しかもディフリースらの実験で検証されたのは、あくまで活動性の高い、低いという比較的単純な形質です。

人間の「優秀さ」の尺度はＩＱだけではありませんし、関係してくる遺伝子も膨大。さらに、環境要因によって遺伝的な素養が発現する条件も多様ですから、ネズミの実験ほど単純化することはできません。仮にＩＱの高い男女が結婚して子どもを産んだとしても、多数の遺伝子がかかわるポリジーン遺伝では形質は分散して子に伝わることになります。

ポリジーン遺伝の場合、子どもの形質は両親の平均値を中心に分散します。さらに、平均へ回帰しようとする効果が働きますから、高い形質同士の親から生まれた子どもの形質は両親の平均よりも下に、低い形質同士の親から生まれた子どもの形質は両親の平均より上になることが、確率的に高くなるといえます。

平均に回帰する度合いは、遺伝と共有環境の割合によって変わってきます。遺伝率が高く、共有環境の影響が少ない形質であれば平均への回帰は小さく、比較的親に近いところに留まるでしょうが、遺伝率が低く共有環境の影響が大きい形質ならば大きく平均に回帰すると思われます。

ほとんどの形質は遺伝率がだいたい半分で共有環境の影響はほとんどありませんから、平均への回帰はそこそこ。IQや学力に関しては、さらに共有環境の影響が見られますから、平均への回帰は他の形質に比べて少なくなります。しかもポリジーンによって、それぞれの形質について同じ親からもいろんな遺伝的素質が生まれうる。それらが組み合わさるわけです。いまより子だくさんだった時代には、誰しもこんなことは当たり前のように実感していました。同じ両親から生まれても、子どもの形質はバラバラだったわけですから。

ネズミの活動性の高低という形質が世代を重ねることで強化されることを示した点におい

図11（上図）・図12（下図） 遺伝の伝達観

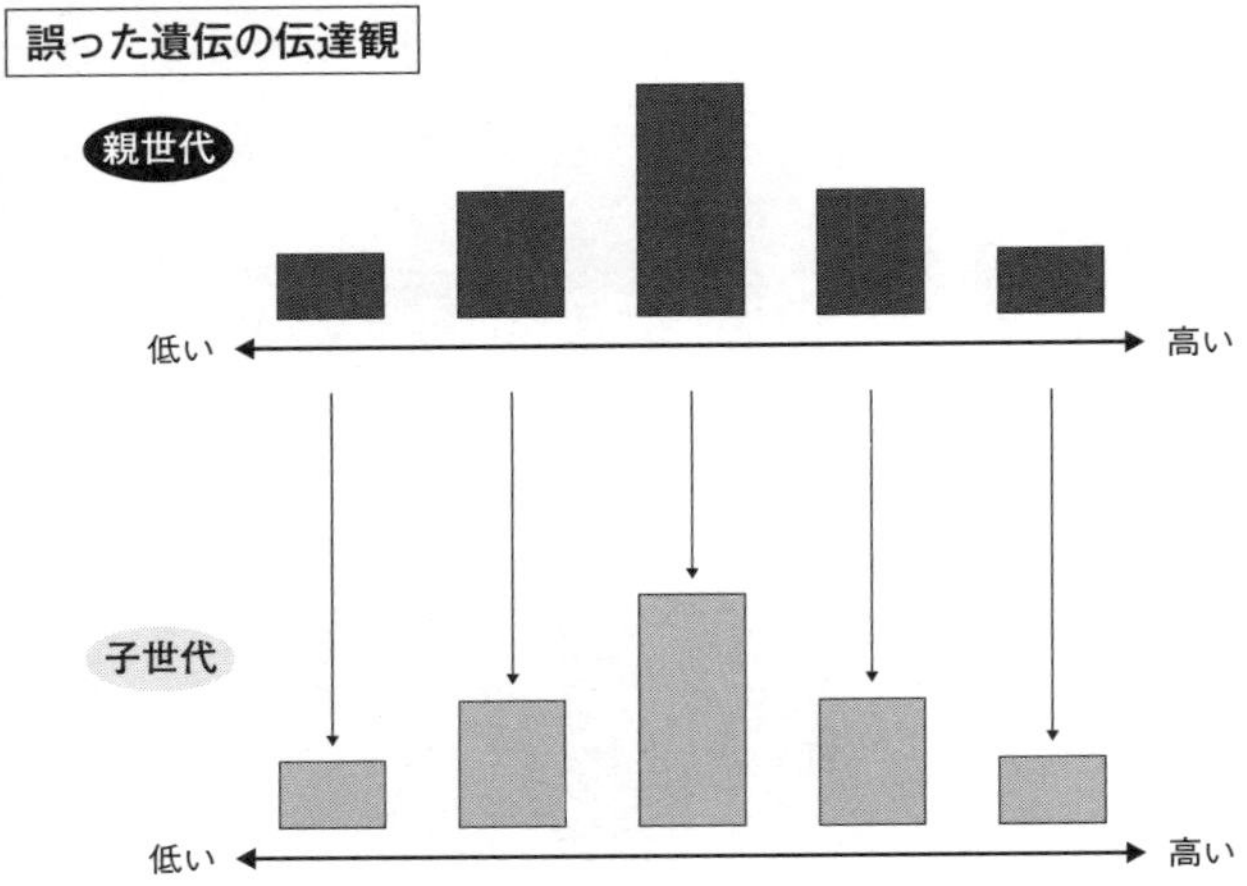

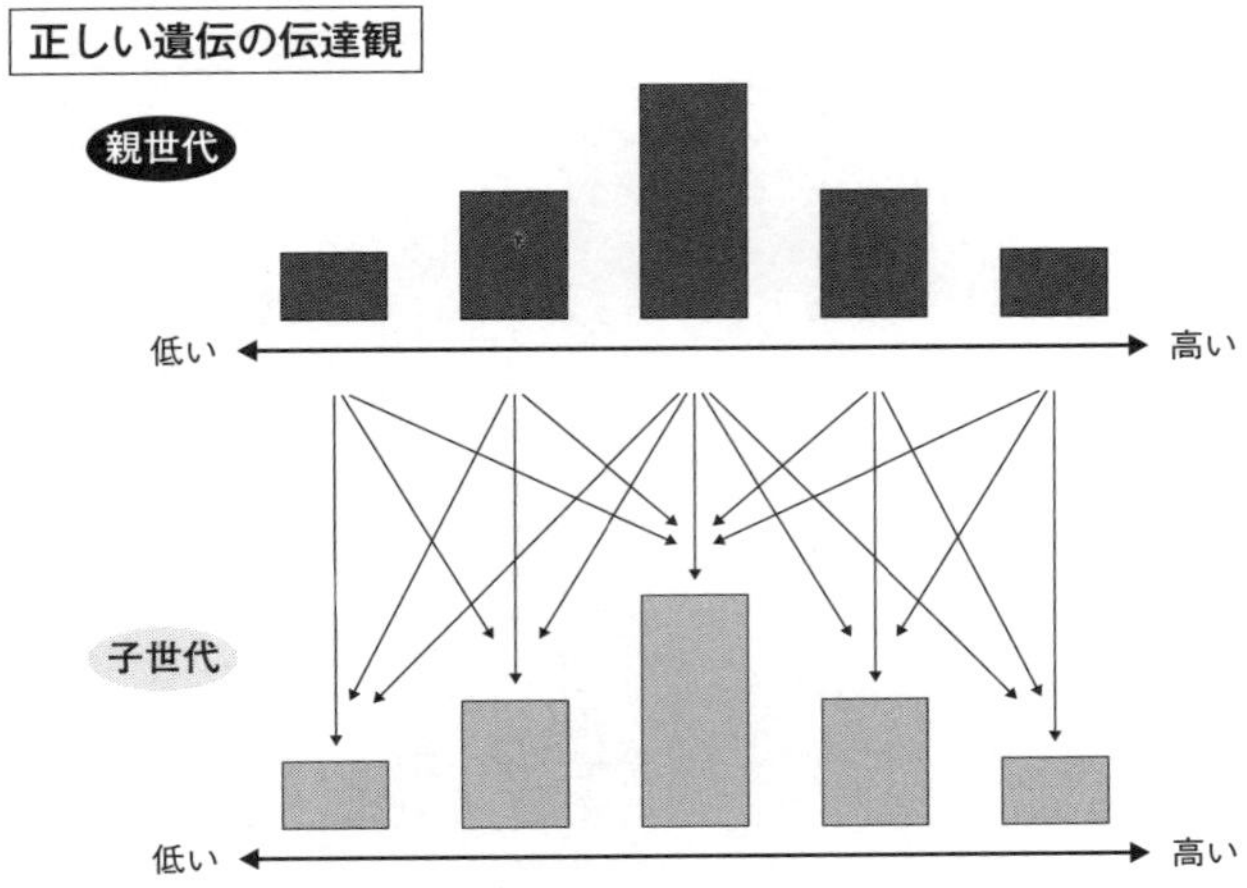

て、ディフリースらの実験は大きな意味を持ちますが、それをそのまま人間に当てはめるのはナンセンスでしょう。社会階層が遺伝に影響を受けていたとすれば、一番上の階層から生まれた子どもが一番下の階層に行く可能性は非常に低いわけですが、それでも結局のところ平均へと回帰していきます。逆に低い階層であったとしても、子どもが上の階層に行くことは確率的に大いにありえます。高いにせよ低いにせよ、ある階層の男女から生まれた子どもの形質は分散し、一定の確率で別の階層へ飛び出していくのですから、遺伝によって階層が完全に固定化されるとは考えにくいのです（図11、図12）。

家柄のいい男、才能がありそうな男、結婚するならどっち？

優秀な家系といわれる家があります。代々、学者や政治家、企業人や芸術家を輩出しているような家庭です。優生学と行動遺伝学の祖、フランシス・ゴールトンが着目したのもそこでした。それは遺伝なのか、環境なのか。いわゆる良家では結婚相手も代々慎重に選んできているでしょうし、社会的なパフォーマンスを高く維持する何らかの心理的な形質、健康に関する形質があっても不思議はありません。また、蓄積された文化的な資産やコネクションもあるでしょうから、その家から生まれた子どもは下の社会階層に落ちにくい、というのは考えられることでしょう。

では、あなたが結婚する場合、相手を家柄で選ぶことに意味はあるのでしょうか？

行動遺伝学を持ち出すまでもなく、世の中は実に多くの要因で構成されています。人間に限らず、生物であれば自分が利用できる「よき要素」「よき資源」は最大限活用するのが最適解でしょう。しかしこれでは何とも身も蓋もない話です。

同じくらい好きな男性（女性でもかまいませんが）が2人いたとして、両方とも大した才能があるようには見えない。片方には強力なファミリーのネットワークがあり、もう片方には何もないというのであれば、前者と結婚する方が高い社会階層、金持ちになりやすいのはいうまでもありません。

それならば、片方は凡庸なぼんくらだけど強力なファミリーが背後についている、もう片方は家柄は大したことがないけれど何らかの才能があるように見える。こういう場合は、どちらを選ぶべきでしょうか？

今だけ考えれば前者のほうが安牌《あんぱい》でしょう。しかし結婚候補の相手が若いのであれば、そして末永く相手と添い遂げたいと思うならば（そしてお金持ちになりたいならば）、後者を選びなさい。私ならそうアドバイスします。

知能に及ぼす遺伝と環境の影響を、児童期、青年期、成人期に分けてプロットしてみると、

図 13　知能におよぼす遺伝と環境の影響の変化

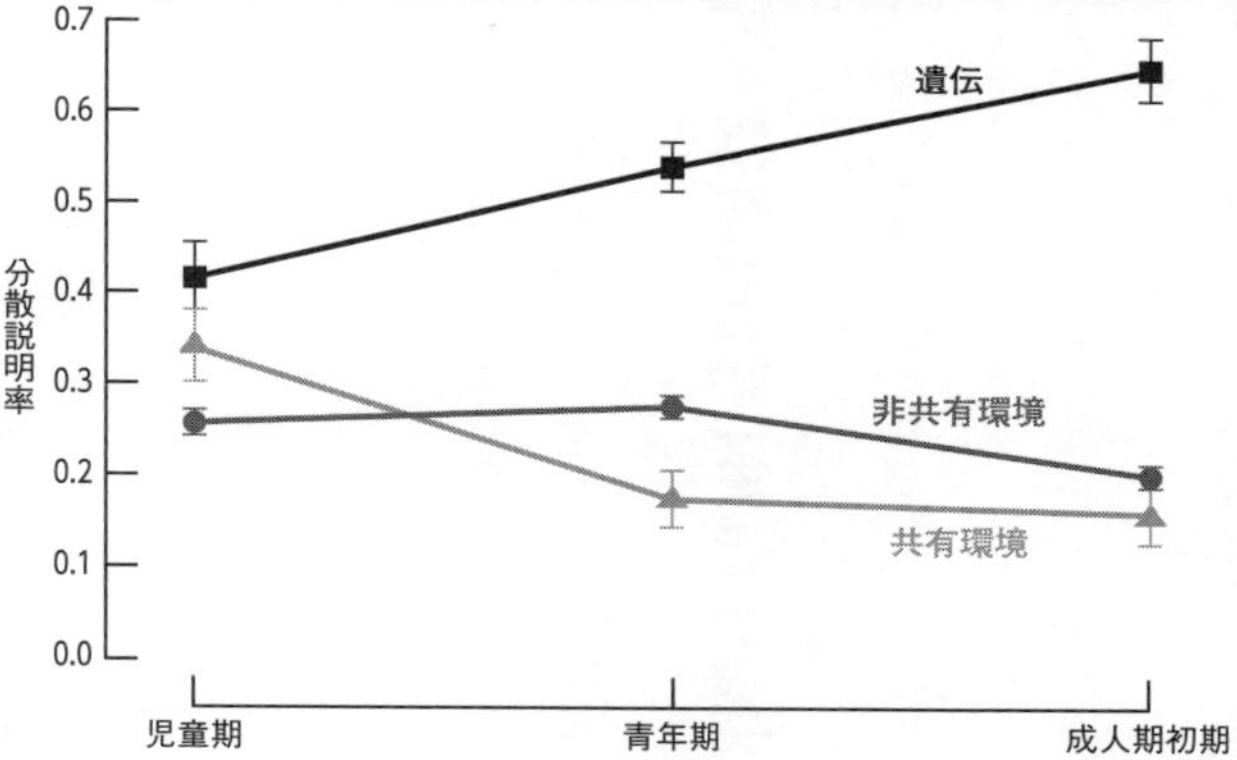

Haworth, et al（2010）

図13のようなグラフになります（これは図5の知能の部分だけを折れ線グラフに書き換えただけです）。グラフを見ると、年齢が上がるほど遺伝の影響が大きくなっていくことがわかります。図9で示した収入についてのグラフでも、遺伝の影響は壮年になるにつれて大きくなります。

この結果は、意外だと思われるかもしれませんね。人間は年齢とともに経験を重ねていくわけですから、環境の影響が大きくなっていきそうなものですが、実際は逆なのです。

つまり、人間は年齢を重ねてさまざまな環境にさらされるうちに、遺伝的な素質が引き出されて、本来の自分自身になっていくようすが行動遺伝学からは示唆されます。

グラフで取り上げているのは知能に関してであり、他の心理的な形質や才能全般についても同じことが当てはまるかどうかまではわかりませんが、他の才能についても同じような傾向が出てくることは大いにありそうです。

もちろん、若いときに「光る才能」がわかりやすく見えるかどうかはわかりませんし、それが本当の意味での才能になっていくかどうかはもっとわかりません。しかし、遺伝はその人の一生を通じて影響を与え続けますが、環境が影響を及ぼすのはあくまでもその環境が周りにあるときだけです。

いずれにせよ、人はいずれ親の七光りが通用しない社会の中で生きていかなければなりません。遺伝か環境か、どちらかに賭けろというのであれば、私は遺伝を選びます。

遺伝子検査でどこまで予測できる？

親の遺伝子がどのような形で子どもに受け継がれるのか、それを親の遺伝子から正確に予測することは困難です。

それでは、子どもの遺伝子を調べることで、将来的にどんな風に育つのかを予測することは可能でしょうか？

遺伝子の変異による発病のリスクについては、いくつかの病気については原因遺伝子が特定されているものもあります。例えば、ハンチントン舞踏病を引き起こす遺伝子は優性であり、両親のどちらか一方からこの原因遺伝子を受け継ぐと発症のリスクが格段に高まります。

最近では、女優のアンジェリーナ・ジョリーが遺伝子検査を受けた結果、両方の卵巣・卵管、および健康な両乳房を切除する手術を受けて話題になりました。彼女の場合は、ガン抑制遺伝子に異常があり、87％の確率で乳ガン、50％の確率で卵巣ガンになると診断されたためでした。こうした特定の遺伝子が原因で、その効果が非常に大きく、なおかつ治療法が確立されている病気について、きちんと遺伝子検査を受け、専門家による診断や治療を受けることには意味があります。

最近急速に市場に出回ってきたさまざまな遺伝子検査サービスでは、さまざまな遺伝子を調べて、「××になる確率は＊＊％」というレポートを出してくれます。こういうタイプのサービスについては、決して予測率が高いとはいえません。遺伝的な素因があるかないかによって、被験者が本当にその病気を発症するかしないか、確約は得られないのです。その意味で現段階においては「科学的な装いの占い」くらいに捉えておくのが無難でしょう。

とはいえ、遺伝子検査の結果を元に、自分の生活や日ごろの行動を見直して、自分にとってよいと思えることに本気になって取り組むきっかけとなるのであれば、有意義ではあります。

遺伝子検査の基礎研究は急速に進んでおり、将来的には社会に大きなインパクトをもたらすことも十分に考えられます。

数年前、ホールゲノムスキャン、つまり自分の持っているすべての遺伝子を読み解くためにかかる費用は数百万円でしたが、現在では20万円以下で行うことができます。この値段は今後劇的に下がっていくでしょうし、それに伴って、遺伝サンプルを集めたデータベースも幾何級数的に拡充されていくことは確実です。

そうなってくると、多数の遺伝子（ポリジーン）が、トータルとして特定の形質の発現の程度を、ある程度の確率で予測することのできる「ポリジェニック・リスク・スコア」が実用化される可能性はあります。

遺伝子検査によって形質のすべてを説明できるようにはならないでしょうが、遺伝の影響力の強い形質については予測精度は上げられるでしょう。

例えば、ＡＤＨＤ（注意欠陥多動性障害）。ＡＤＨＤの遺伝率は80％ということがわかっていますが、遺伝子の配列を調べることで、その半分程度は説明できるようになる可能性があります。そうなると、「ＡＤＨＤになる傾向は、平均よりも何％程度は高い」かは算出できることになります。

同じことは、知能など他の形質についても当てはまります。一般知能における遺伝の影響率は70％を超えていますが、その半分、35％についてポリジェニック・リスク・スコアが算出できたとしたら、知能指数を正確に予測することは無理にしても、格段に低いか、平均レベルか、格段に高いかくらいはわかるようになるでしょう。

私たちの知能は年々向上している？

現生人類である私たちホモ・サピエンスの先祖は、180万〜20万年前に、近縁種のホモ・エレクトスの共通祖先から分岐したと考えられています。20万年というのは長い年月ではありますが、生物進化の観点から見れば一瞬です。ハードウェアである私たちの身体は20万年前からほとんど変化していません。

ある意味でその認識を覆《くつがえ》したのが、ジェームズ・フリンです。1980年代にフリンは世界各国の知能検査の結果を分析し、1年あたり0・3ポイントのペースでスコアが伸びていることを示しました。その後も、キングス・カレッジ・ロンドンやウィーン大学などの研究者が調査を行っており、過去100年近くにわたってIQのスコアは伸び続けており、その伸びは現在も続いていることがわかっています。このように後の世代ほど知能検査の結果が向上することを「フリン効果」と呼びます。

最初にフリン効果に関する話を聞いたとき、私はそんなことがあるはずはないだろうと思いました。知能検査の結果であるＩＱは、あくまでもグループ内の相対的な能力の違いであり、絶対的な能力を表しているわけではないからです。１年に０・３ポイントということは、30年で約10ポイント。ＩＱが10ポイント違うと、人格が変わって見えるくらいのインパクトがあります。親の世代と子どもの世代で、そんなに知能が違ってくるということがはたしてありえるだろうか？

しかし、『なぜ人類のＩＱは上がり続けているのか？』（ジェームズ・フリン）を読み、腑に落ちました。知能テストの問題はときどき更新されていきますが、すべてがいっぺんに入れ替わるわけではありません。前の版と共通する問題をブリッジにして統計処理を行うことで、新しいテストでのスコアが以前のテストでいくつに相当するかを算出することができるのです。

明らかになったのは、抽象的推論に関するテストのスコアが向上しているということでした。これは、本人が経験したことのない問題をどうやって解決するのか、その能力を調べるためのものです。

『なぜ人類のＩＱは上がり続けているのか？』には、面白いエピソードがいくつも登場します。人種差別論者だったフリンの父親を諭すため、フリンは「もしお父さんの肌が黒い色で生まれてきたらどう思う？」と問いかけました。これに対して父親は「バカも休み休みに言え。今まで肌の色が変わった奴を見たことがあるのか」と答えたそうです。

現代の社会はグローバル化、高度情報化しており、自分が実際に経験していないことについても推論を巡らせて考える必要が、あらゆる状況で起こっています。数十年前、たいていの人はそんな問題に悩まされることはありませんでした。

先にも述べたように、ハードウェアとしての人間が１００年のオーダーで進化することはありません。しかし、社会的に求められる能力が変化した、つまり環境が変化したことで、それに適応するために遺伝的な形質が発現していることは考えられます。その結果、知能検査のスコアが見かけ上高くなっているというわけです。

フリン効果はさらに重要な問題を提起しています。それは「世代による格差」です。家庭の経済力による「教育の格差」ではないことに注意してください。子ども世代は、30年遅く生まれたという理由で、ＩＱが10ポイント高くなる。これだけ聞くと荒唐無稽に聞こえるでしょうが、今のべたような理由で、若い世代はそれだけ異なる知的世界に適応しなければならなくなっているということが示唆されるわけです。ＩＱが高いというといいことづくめのように思われるかもしれません。しかしそれが抽象度の高い論理的情報処理能力を意味するとすれば、逆に見れば、具体的事物に即し、体で学び、個別の状況の微妙なちがいを感じ取って反応するような、たとえば昔ながらの職人の知恵や短歌や俳句に感じ入る能力がおろそかになっている可能性があるのかもしれないのです。

親の子育ては無意味か？

世の中には、たくさんの子育て本が出ています。

「××した時は、もっと褒めるようにしましょう」など、さまざまな子育てテクニックが紹介されていますが、そうしたテクニックの効果は、行動遺伝学の立場から考えると、あまり期待できません。

行動遺伝学の研究から導き出された重要な知見の1つは、個人の形質のほとんどは遺伝と非共有環境から成り立っていて、共有環境の影響はほとんど見られないということです。共有環境をつくる主役は親でしょう。つまりどんな親かということが、子どもの個人差にはほとんど影響がないということなのです。

しかし、これは親が何もする必要はないということではありません。親が子どもに対して直接・間接に示す家庭環境が、子どもの個性を一律に育てるわけではないということが示されているだけに過ぎません。行動遺伝学が説明するのは、あくまでも「個人差」要因です。

子どもにとって、親や家庭（あるいはそれに相当する人や環境）が大事で意味があることはいうまでもないことです。親や家庭は、子どもの居場所であり、安全基地であり、最初に出会う社会です。そして食事や身の回りのしつけを通して、一人前の大人になるのに必要な体づくりやさまざまな社会ルールについての知識を学びます。

ここで大事なのは、子育て本のパターン通りに誰にでもあてはまる教科書のようなかかわりをするのではなく、自分が経て来た経験に根差す価値観に基づいて、子どもの中にある形質を見つけるように努力することだと思います。

幼い頃からエースで四番、楽器を弾かせたら人並み以上、本を片っ端から読む、ひょうたんの美しさを見抜ける（志賀直哉の『清兵衛と瓢箪』の話）というように、初めからすごい子どももいますが、そういう子は勝手に才能を開花させていきます。

「うちの子どもにはあまりパッとしたところがない」、そういうときこそ自分の経験や知識を総動員して、どんなことに向いているかを真剣に考えてあげる。ある分野に通じた人に子どもを会わせたり、いろんな体験をさせたりして、社会的・文化的に価値あると親が考える刺激を与えるといったことが大事だと思います。お金をかけなくともできることはたくさんあります。親にできるのは、本来そういう当たり前のことだけだと思われます。

教え方や先生によって学力は変わる？

よい学校に通い、教え方のうまい先生に出会うことで、子どもはやる気を出し賢くなっていくだろう……。

親であれば、当然このように期待することでしょう。

私たちが行った英語教育の実験では、一卵性双生児、二卵性双生児のペアにそれぞれ文法中心の授業、会話中心の授業を受けてもらい、文法と会話のテストを行いました。その結果は、文法中心の授業をうけたきょうだいは文法テストの成績がよく、会話中心の授業をうけたきょうだいは会話テストの成績がよいという、当然のものでした。遺伝的に同じ一卵性双生児でも、教え方によって成績は変化したのです。

また、一卵性双生児の方が二卵性双生児よりも成績の類似度は高く、遺伝の影響がみられました。

さらに一卵性双生児のペアで興味深いのは、遺伝的に言語性知能の高いペアは文法中心の授業を受けた方が成績がよく、遺伝的に言語性知能の低いペアは成績の類似度が低かったり、会話中心の授業を受けた方が成績がよいケースが多かったということです。つまり、誰にとってもよい教え方があるのではなく、異なる遺伝的な素養が異なる環境に出会うことで、異なる結果を導き出す、といえます。おそらく一人ひとりに適した教え方があるのだと思われます。

一方、こうした教育環境の影響はどうやら一過性のようです。この実験では、終了してから2カ月後に再度テストをしてみました。すると教え方の違いは消えてなくなり、遺伝の影響だけが残っていました。

またイギリスの双生児7000組を対象した調査では、学習動機つまりやる気や自分で感じる学力感が、同じクラスや同じ先生で教わった場合と異なるクラス・先生とで教わった場合で異なるかを調べています。その結果はといえば、学習動機に及ぼす先生の違いからくる影響力は、あっても2〜4%程度、つまりほとんどありませんでした。他の心的形質と同様、学習動機の遺伝率も概ね40%ですが、教え方やクラスのちがいよりも遺伝の影響の方がずっと大きかったのです。学力については共有環境が20%程度で、遺伝の影響は他の形質よりも低い30%程度ですが、やはりこの調査では先生や学校の影響は出ていません。

先生や教え方の影響が子どもにまったくといっていいほど影響を与えていないというのは、教師としてはかなりショッキングなデータだと思います。しかし誤解してはいけないこと、そして強調せねばならないことは、これらの結果は、すでに先生たちがそれぞれにそれなりの教育を子どもに与えてくれているからだということです。中にはトンデモ教師がいるかもしれませんが、多くはそれぞれの力量の中できちんと教育をしていることを忘れてはなりません。

最近、やり抜く力とか粘り強さ、自己制御能力といった「非認知能力」が、ＩＱのような認知能力以上に仕事の成功に影響を及ぼすという話題に注目が集まっています。ノーベル経済学賞を受賞したヘックマンは、幼少期の教育的介入が成人してからの人生にどのような影響を与えるのかについて、アメリカの幼稚園でランダム化コントロール実験により40年にわたって調査しました。その結果、就学前の子どもにきちんと学習をするような勤勉な態度を身につけさせると、学力そのものが長期的に維持されるわけではないけれど、その後の人生で犯罪を犯さず、きちんと仕事をしてそれなりの収入を得られ、貯蓄も持ち家も多いことがわかりました。勤勉な態度を身につけたか否かで、人生が変わってくることを示したのです。アンジェラ・ダックワースはこの心理的資質を「グリット（Grit）」と名づけています。

この結果をどう考えればよいのでしょう？

ヘックマンの研究では、大学院レベルの児童心理学を収めた先生が、幼稚園で子ども6人に対して1人の少人数制で、読み書きや歌などさまざまな学習を2年間も指導し、さらに家庭での教育の質も上げようと、週に1回対象家庭に通って1・5時間、親にも訓練を施すなど、相当なコストをかけた高レベルの介入を行っており、これをどこまで一般的な事象といえるのかは判断が難しいところです。ヘックマンの研究は、そのように通常実現できないようなきめ細やかな教育を長期にわたって施すことで、ただ子ども自身のグリットだけではない、長期的な効果をもたらすような生育環境の変化、たとえば親の養育態度の変化や仲間関係の変化などがおこって、きちんとしたふるまいをしつづけられる環境にさらしつづけられるようになり、本来であれば一時的にすぎない環境の効果とそこからの恩恵を絶え間なく受けるようにしたことによって、長期的な効果を出したのではないかと考えられます。このことを統制実験によって証明したことの意義が大きいことはいうまでもありません。

しかしながら、ダックワースやヘックマンの主張に救いを見いだされた方が少なくないであろうところ、まことに恐縮なのですが、双生児法の研究からは、グリットも自己制御能力も勤勉性もほぼ同じ形質で、ほかの性格一般同様に、その個人差は遺伝と非共有環境からなっているという結果が得られています。つまり、環境が形質に与える影響はあくまでも一時的であり、長期的な持続性は遺伝の影響の寄与が大きいと考えられるのです。

この一見矛盾する結果をどう考えればいいでしょう。

ここで双生児法による行動遺伝学の結果は、あくまでも集団中の性格の個人差を説明する要因に関するもの、しかもその集団とはふつうの集団です。中にはすばらしく良い環境や著しく悪い環境もあるにはありますが、それは正規分布の両端に位置する少数派で、大部分はふつうの範囲内におさまる人たちで構成されている集団についての結果です。一方、ヘックマンらの研究では、特に良い環境群（実験群）と特に悪い環境群（統制群。この実験はアメリカの低所得者層の子どもが対象でした）を比較しています。このように実験群が特別で劇的に大きな環境条件の変化を与えるものであれば、統制群との間に顕著なちがいが生じる可能性は否定できないでしょう。また実験群・統制群にそれぞれあてられた子どもたちの間の個人差を考えれば、そこに遺伝的差異が見いだされるかもしれません。

さらに個性的な遺伝的素質にぴったり合った独特な先生との出会いが、それまでにない劇的な変化を生む、いわば「ビリギャル」効果も、その生起確率が低いというだけで、絶対にないとはいい切れません。これは行動遺伝学では「遺伝と環境の交互作用」といいます。

英才教育に効果はあるか？

幼児の頃から、英語を学ばせる、スポーツをさせる、プログラミングをさせる、そうした英才教育が盛んになっていますが、これによって子どもの才能を伸ばすことは可能なのでしょうか？

例えば、オリンピックに向けて、各種競技が得意な小、中学生を選抜し特別なトレーニングを施すといったことが行われています。選抜された子どもは、もともと人並み以上のパフォーマンスを示す才能のある子どもたちである上に、選ばれたということでモティベーションも上がりますから、当面のところ、どんどん能力が上がっていくということは大いにありえるでしょう。

ただ注意が必要なのは、小学生の場合、遺伝的な資質はまだ発現途上にあり、成人したときの遺伝的資質を必ずしも十分に予測しきれていない可能性があるということです。運動能力の場合は、体格の遺伝的変化がまず影響することはいうまでもありません。しかしそれだけでなく、認知的な要因もこの間に変化することが、図13で示したＩＱへの遺伝的寄与の変化からうかがえます。本当に優れた選手になるのは、こうした遺伝的条件が変化してもなお、その競技に対して恵まれた資質を発現できている人です。あるいは仮に遺伝的変化が必ずしも適応的でない資質をもたらしてしまったとしても、それを補うための訓練に成功できた人なのでしょう。遺伝的条件は、一人ひとり異なりますから、与えられた遺伝的条件をその競技に適応させるためには、その選手にしか感知できないさまざまな問題を克服する必要があるはずです。

そのとき優れたコーチがいれば、その時点での補うべき欠点を見つけてくれ、その克服やこれまでの長所の伸長を手助けしてくれる可能性があります。子どものころから活躍しているスポーツ選手が、成長過程で往々にして直面するこうした問題は、そのようにして一つひとつ克服され、さらなる高みへと羽ばたいていく、あるいはその努力の末に敗れてゆく、その姿を私たちは感動とともに味わっているのです。

同じことは、音楽、美術、囲碁や将棋、そして、学業にもありうることです。「十で神童《しんどう》、十五で才子《さいし》、二十過ぎればただの人」は、図13に示されるこの時期の知能にみられる遺伝的変動、もう少し正確には、子どものころに現れなかった新しい遺伝的資質の発現、すなわち「遺伝的革新」が起こることによって、ある程度説明されるでしょう。ですから小学生くらいの時点の能力でエリートコースへ子どもを振り分けるなどというのは、危険が大きいと思われます。

幼いときに知的英才教育のための特別な塾や幼児教育に高額の投資をすることが、将来の高い知的パフォーマンスを約束すると信じるとすれば、裏切られる可能性が高いといわざるを得ません。そのとき子どもがその教室に進んで出かけ、生き生きと楽しんでいるのなら、それもよいでしょう。しかし将来の知的能力ために、早くから訓練しようとすることの効果は、先のヘックマンの研究ですら、見いだされませんでした。ヘックマンが示したのは「地道」で「まじめ」な生き方への効果です。それができずに身を持ち崩す人が少なくないことへの福音でした。特に子どもに好きでもないことを、これは「やり抜く力」を育てるためだといって強制的にさせることは、危険ですらあります。ちょうど「かけっこ王国」の大人が、子どものころにかけっこ競争ばかりさせられて、大人になってからうんざりしてかけっこをしなくなってしまうようなことが起こりうるからです。

もし子どものころに、ある程度、好きなことや得意なことが、親や周りの大人から見てはっきり現れているのだとしたら、それは大事にしてあげる必要があるでしょう。それすらも、将来、遺伝的革新によって変化する可能性はあります。しかし、いま、そのとき、夢中になれるものならば（そしてそれが大人の目で見て明らかに望ましくないものでない限りは）、そのことを中心に学習できる状況づくりをしてあげることの方が良いと思われます。

英才教育とは少し違いますが、アメリカのボストン発祥のサドベリー・バレー・スクールがあります。この学校に通う生徒は、下は４歳から、上は16、７歳。あらかじめ決められた授業はなく、生徒は自分の好きなことを自由に学べ、教師はそれをサポートする役割に徹しています。好きなことが見つからない子がいたら、まわりの生徒でサポートするという仕組みです。

これは素晴らしい仕組みのように見えます。のびのびと自発的に自分の好きなことを伸ばしていく姿は理想的とすら思えますし、それによって自分の才能を見出していく子どもたちがいるのは間違いありません。

ただ、注意していただきたいのは、こうした英才教育によって見つけられる才能の多くは、芸術やスポーツなど、ごく限られた個人プレイによる才能だということです。

私たちの社会は、子どものときに見出すことのできる個人の傑出した才能だけで成り立っているわけではありません。社会に出て他人と協力しあい経験を積みながら、その中で出会った一見目立たない細部の中に自分の遺伝的才能を見出して、それをし続けることで何かをなしとげることの方が圧倒的に多いのです。「英才教育で見出しやすい才能」にこだわって、一喜一憂するのはナンセンスでしょう。

子どもの才能は、友達付き合いで決まる？

心的形質の多くは遺伝と非共有環境によって説明される。これが行動遺伝学によって得られた知見です。

先述したように、共有環境や非共有環境の中身は、単純にこれだと決めることはできません。家族メンバーを似させる方向に働く環境が共有環境であり、異ならせようとするのが非

郵便はがき

料金受取人払郵便

芝局
承認

1386

差出有効期間
平成30年1月
4日まで

106-8790

011

東京都港区六本木2-4-5
SBクリエイティブ(株)
学芸書籍編集部 行

自宅住所 □□□-□□□□	自宅TEL ( )	
フリガナ 氏 / 名	性別 男 ・ 女 生年月日 年 月 日	
e-mail @		
会社・学校名		
職業 □ 会社員(業種) □ 自営業(業種) □ 公務員(業種) □ 学生 ( )	□ 主婦 □ パート・アルバイト □ その他 ( )	
SBクリエイティブ学芸書籍編集部の新刊、関連する商品やセミナー・イベント情報のメルマガを希望されますか?	はい ・ いいえ	

■個人情報について

上記でメルマガ配信に合意いただきました個人情報はメールマガジンの他、DM等による、弊社の刊行物・関連商品・セミナー・イベント等のご案内、アンケート収集等のために使用します。弊社の個人情報の取り扱いについては弊社HPのプライバシーポリシーをご覧ください。詳細はWeb上の利用規約にてご確認ください

◆ https://www.aqut.net/gm/kiyaku.inc

愛読者アンケート

この本のタイトル（ご記入ください）

■お買い上げ書店名

■本書をお買い上げの動機はなんですか？

1．書店でタイトルにひかれたから
2．書店で目立っていたから
3．著者のファンだから
4．新聞・雑誌・Webで紹介されていたから（誌名　　　　　　）
5．人から薦められたから
6．その他（　　　　　　　　　　　　　　　　　　）

■内容についての感想・ご意見をお聞かせください

■最近読んでよかった本・雑誌・記事などを教えてください

■「こんな本があれば絶対に買う」という著者・テーマ・内容を教えてください

アンケートにご協力ありがとうございました

ご記入いただいた個人情報は、アンケート集計や今後の刊行の参考とさせていただきます。また、いただきましたコメント部分に関しましては、お住まいの都道府県、年齢、性別、ご職業の項目とともに、新聞広告やWebサイト上などで使わせていただく場合がありますので、ご了承ください。

共有環境です。家庭の外であっても、きょうだいで同じ友人を持っているのであればそれが共有環境として働くこともあるでしょう。ただ、家庭外の方が環境の多様性は増しますから、友達関係は非共有環境として働くケースが一般的です。

偶然できた友達との関係が、子どもの世界観に大きな影響を与えることがあります。特に思春期に入った子どもにとっては、親に認められるより友達に認められる方が重要ですから、友人関係から排除されないように振る舞うようになります。年齢が上がるにしたがって、家庭を中心とした共有環境の影響は低下し、非共有環境の影響が増していくことになります。

ジュディス・リッチ・ハリスは、『子育ての大誤解』(原題"The Nurture Assumption")の中で、非共有環境のなかで重要なのは仲間環境と述べています。重要な友達に認められること、彼らとともに社会関係を築けるようになること、そこから大人になっても役に立つさまざまな社会的役割能力を身に着けること。これは先住民社会の子どもから現代社会に生きる子どもまで、共通して、重要な環境であると考えられ、ハリスの主張はそれなりにうなずけます。

ただ、この話を聞いて「うちの子は、内気で外の友達をつくろうとしない。大丈夫だろうか」と心配される親もいるのではないでしょうか。

友人関係が子どもの成長に重要な役割を果たすとはいえ、非共有環境=仲間環境とまでい い切るのは、単純化しすぎでしょう。友達は、必ずしも人間とは限りません。本を読んだり、絵を描くことに熱中しているのであれば、それもまた子どもにとっての友達であり、非共有環境となりうるからです。

では、親が「よい友達」を選ぶべきかどうかについてはどうでしょうか？

「あの子は勉強しないから、付き合っちゃダメ」「あそこのうちの子と友達になってはいけません」ということは、子どもにとっていいことなのでしょうか？

確かに、その子が明らかに評判の良くない札付きの不良だとしたら、こういうのも仕方がないでしょう。しかし一般論としてこのように子どもに教えることの危険性は、「人間を能力や家柄など、特定の属性によって選別し、排除してもいい」という価値観を子どもが学習してしまうことです。さらにその価値観は、自分だけは差別されない側にいると思い込む傲慢さ、あるいは逆に潜在的に自分自身が、差別される側に回りうるという恐怖心・猜疑心を学ぶことになります。その意味で、「あの地域の子どもと付き合ってはダメ」、「よその国から来たあの子とは縁を切りなさい」と圧力をかけるのはいいことではありません。

また、ものすごく状況を単純化し、頭も性格もよさそうなグループと、そうでないグループがあった場合を考えてみます。普通に考えれば、子どもも前者のグループを選ぶでしょうし、親もそうでしょう。しかし、もし子どもが後者のグループを選ぶとしたらどうでしょうか？　前者のグループを選ぶよう、子どもに強制するべきなのでしょうか？

ここで親が考えるべきは、子どもが後者のグループを選ぶ何らかの理由があるのではないかということです。もしかしたら、前者とは話が合わないけれど、後者では認められるということがあるのかもしれません。グループの選別に、子どもの遺伝的素養と環境の相互作用が現れているとも考えられます。

あるグループはＩＱが高いから子どもにはこちらと付き合わせよう、そう単純に考えてしまう前に、その子自身の特性と、その子がかかわっている文化や人間関係について、慎重に考える必要があると思います。

犯罪者の子どもは犯罪者になる？

一口に犯罪といっても、暴力を伴う犯罪から、詐欺などの知能犯罪まで、極めて多岐に渡ります。犯罪者の精神的な形質も多様なわけですが、ＩＱが低く、自制心が弱くて衝動的な人間は確率的に犯罪を起こしやすいことがわかっています。暴力的な犯罪の場合は、それに加えて体力も必要になってくるでしょう。

犯罪に関係する心的形質も、他の心的形質と同じくだいたい50％の遺伝率がありますが、それ以外は非共有環境によります。犯罪の傾向がそのまま子どもに伝わるという単純なものではありません。

ただ、まだ未成年のときの非行や、ドラッグなどの物質依存については、共有環境の影響が大きいことがわかっています。それは未成年の悪い行いが、それ自体「仲間関係」にとって意義があること（タバコや飲酒、麻薬ですら、カッコイイと思える時代があるものですから）、そして依存性のある物質が目の前の手に入りやすいところにあるという現実が生み出した現象であると考えられます。

また、犯罪傾向やうつ病については、遺伝と環境の交互作用という現象があります。つまり、何らかの素質を持っている人（例えばＩＱが低い、衝動的である、さらにはセロトニンやモノアミンオキシダーゼの遺伝子が特定のタイプなど）が悪い環境（虐待やストレスの多い環境に置かれるなど）にいる場合、環境の影響を特に強く受けて、犯罪を犯したり、うつ病になりやすくなるのです。精神疾患や発達障害になりうる素質を持っている人でも、健康で健全な環境であれば、その素質がそれほど大きくは発現しません。また素質のない人は悪い環境にあっても犯罪やうつ病の表現型を示しにくい。両者の出会いがそれを生み出すのです。ですから遺伝的素因が疑われるような人に対しては、ストレスの少ない環境を特に注意して与えることが有効である、とはいえるでしょう。

第5章

あるべき教育の形

あらゆる文化は格差を広げる方向に働く

これまで明らかにしてきたように、行動遺伝学の知見によって、人間のあらゆる形質に遺伝が大きな影響を及ぼしていることがわかってきました。

そうであるならば、教育の役割とはいったい何なのでしょうか？

この章では、教育の役割を見直し、あるべき教育の形を考えていきます。

ふつう、教育の役割は、知識のない人に知識を、能力のない人に能力を身に着けさせることと考えられます。それはそれで間違いはないでしょう。文字を知らない人たちに文字を教え、計算のできない人に計算能力を身に着けさせ、宗教を、思想を知らない人に、それを説いて聞かせる。するとそれを持たなかった人たちは、それを同じように身につけ、成長してくれる……。これを図にすれば、単純に図14のａやｂのようなイメージになります。

しかし忘れられがちなのは、人々のばらつき、個人差です。ふつうはこの上の図のように、みんなが同じように一斉に能力や知識を身に着けて、能力の個人差はもとの個人差を維持したまま、平均が上がる（ａ）と考えます。あるいはほとんどなくなる（ｂ）と思うでしょう。

たしかに全体としての知識や能力は上がります。しかし同時に、教育は往々にして個人間

図14　教育の効果とは？

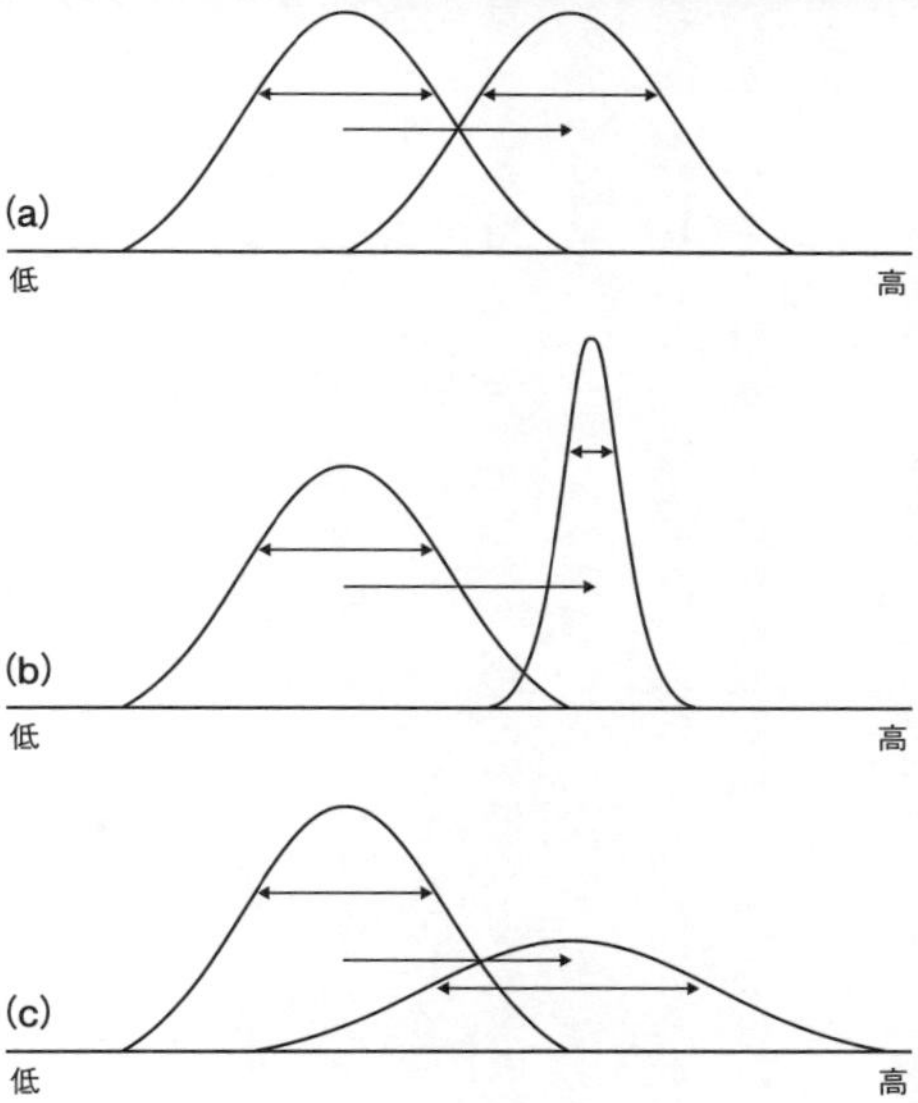

の格差を拡大させる方向に働くということです。教育だけではありません。一般にあらゆる文化的な仕組みは、それまで潜在的であった知識や能力の個人差をあからさまにし、図14のcのようにそのばらつきを広げることに寄与しているのです。

教育が一部の人にしか与えられないときは、能力や知識の個人差は、その教育を受けたか受けなかったかという環境の差で説明される割合が大きいでしょう。しかし教育があまねく行き届いたとしたら、そのときに顕在化するのが遺伝的な差なのです。

小規模な家族や部族で活動していた狩猟採集民の社会では、個人間の格差はそれほど大きなものではなかったはずです。

当然のことながら、獲物を追い掛けられる体力や、瞬時の判断力、生き延びるための方策を覚えている記憶力など、個人の能力には差があります。飛び抜けて獲物を狩るのが上手な人もいれば、不器用でいつも獲物を逃がしてしまう人もいる。獲物を捌《さば》くのが上手な人もいれば、そうでない人もいる。けれど、小さなコミュニティの中ではお互いが顔見知りで、だいたいどんなことができるかもわかっており、各人が自分の役割を担っていました。そうした社会の多くは、いわゆる原始共産制を営んでいますので、捕ったものはみんなで平等に分け合うことを常としていました。獲物の捕り方や食べられる植物といった知識は、大人と子どもの間の日常的なコミュニケーションの中で、特に組織的にでも計画的にでもなく、自然に教育されていたでしょうが、それによって伝えられるのは身の回りにあるモノと密接に関連したあたりまえの具体的な知識ですし、文化内容に広いバリエーションがあったわけではありません。

やがて、定住生活が始まり、国家が生まれると、個人の認識能力を超えた数の人間同士が繋がるようになります。イギリスの進化生物学者、ロビン・ダンバーは、安定した社会関係を結ぶことができる人間集団は平均１５０人程度だと主張しましたが、それをはるかに超える人数がつながるようになってきたのです。

それでも近代までであれば、一般庶民は小さなコミュニティの中で生きていました。生まれた時からどんな仕事をするかはほぼ決まっていて、親の手伝いをしながら仕事の仕方や、コミュニティ内で守らなければならないルールを学んでいきました。

第2章でも述べたように、18世紀に産業革命が起こり、それと歩調を合わせて近代国家が台頭してきます。身の回りのモノを対象にしたわかりやすい知識さえ学べばよかった時代から、科学技術や高度な思想や複雑な社会制度のように目に見えない抽象的な知識を活用できる人材が求められる時代になっていったのです。

世界的にそうした知的能力が必要とされ、教育においても知的能力を増幅することに重点が置かれるようになりました。

「教育する」という“educate”という英単語は、ラテン語の「導き出す」“educatus”に由来するといわれています。底上げするというより、元々備わっていた能力を引き出して、増幅するというイメージでしょうか。生まれつきの素養がある人は教育によってぐんと伸びる、その一方、素養がほとんどない人はあまり伸びないという、残酷な事実を告げているともいえます。

ほとんどの人が、科学的に不当な頑張りを強制されている

「能力」は、社会的に認知されて初めて能力となります。知識社会において求められていたのが、一般知能として現在認知されている能力だったわけです。しかも一般知能は、知能検査によってＩＱという一次元の値として表現することができるようになりました。

学力は高い方がいいですか、低い方がいいですか。収入は高い方がいいですか、低い方がいいですか。

このように二択で尋ねられたら、誰だってが高い方がよいと答えるでしょう。収入や学力というわかりやすい指標が設けられたことで、この指標を上げることが自己目的化していきました。これは英検でもＴＯＥＦＬ、ＴＯＥＩＣでも、いまはやりのご当地検定でも同じです。

人間が持っている能力は多種多様なのですが、社会的に特定の能力がフォーカスされ、そこに教育資源が投入されることで、遺伝的な差がより顕在化していくこととなったのです。

その結果、ほとんどの人間が不当な頑張りを強制されることになりました。

ＩＱは70％以上、学力は50～60％くらいの遺伝率があります。生まれた時点で配られた、

子ども自身にはどうすることもできない手札によって、それだけの差が付いているわけです。残りは環境ということになるわけですが、学力の場合、さらに20〜30%程度、共有環境の影響が見られます。そして、共有環境というのは家族メンバーを似させるように働く環境のことですから、大部分は家庭、特に親の提供する物質的・人的資源によって構成されていると考えられます。親が与える家庭環境も子どもはどうすることはできません。

つまり、学力の70〜90%は、子ども自身にはどうしようもないところで決定されてしまっているのです。

にもかかわらず、学校は子ども自身に向かって「頑張りなさい」というメッセージを発信し、個人の力で何とかして学力を上げることが強いられているのです。

これは、科学的に見て、極めて不条理な状況といえるのではないでしょうか？

求められる能力は、時代や状況に応じて変化する

18世紀以降の知識社会において知能という能力が求められてきたのは世界的に共通していますが、時代や地域、状況によって求められる能力は変化し続けています。

例えば、第二次世界大戦後の高度経済成長期の日本は、学力に加えて、勤勉さのパーソナ

リティが求められ、それらの形質を持っていた人が報われた社会だといえます。

あの頃の世界状況において、朝の定刻に職場に行き、いやなことでも、上司に怒られながらも、責任感をもって真面目にやり遂げて成果をだそうと黙って勤勉に働くパーソナリティを持った人たちが、組織のために一丸となって働いたことは、日本全体にとって非常に有利に働きました。私たちにとって、いわば当たり前の、まさに「グリット」な資質が、しかし世界の中では必ずしも当たり前ではなかったのです。もちろん、そんなときでもそれとは異なる資質の人はいたわけですし、だからこそ植木等の扮する「日本一の無責任男」のようなキャラが画面の中で人気を博したのかもしれません。

ただ、状況は大きく変化しており、ただ勤勉で「グリット」で内向的なパーソナリティの日本人は、現在の世界的なビジネスネットワークの中に入り込めなくなっているように思われます。それがひょっとしたら日本の成長の足かせになっている可能性は大いにありそうです。

21世紀以降の世界で、最も大きな影響を与えている文化は、やはり情報通信技術（いわゆるIT）、そしてそれに乗りやすい情報コンテンツでしょう。

ダンバーが述べたように、人間は平均150人程度の集団であればお互いにリアルに認識し合うことができ、安定したコミュニティを築くことができます。

しかし、ソーシャルメディアの登場によって、誰でも世界中の数千人、いや数百万人とバーチャルにつながれるようになりました。生物としての認知限界を超えたつながりに晒《さら》されているわけですから、それを不安に感じる人がいるのは当然といえます。そうなると属性の異なるよく知らない人たちと繋がるよりも、同質な人たちとつるんだ方が居心地はよいですから、異質な存在を排除しようとする動きも現れます。

その一方で、グローバルに拡大したつながりに適応し、能力を向上させる人たちも出てきます。ツールを使ってネット上の情報を集めて論理的に推論を行い、見たことのない相手を想像し、数百万人の人々が好むようなコンテンツを提供する。これは、20年前には認知されていなかった能力だといえます。

そして急速に進化している人工知能技術。コンピュータプログラムが囲碁の世界チャンピオンを負かすなど、人間ならではの知的能力とは何かが改めて問い直されるようになってきています。従来人間が行っていた作業が機械化されるのと同時に、人工知能によってまた新たな才能を発現させる人も増えてくるはずです。

その意味で、行動遺伝学的にも、新しい遺伝的資質が顕在化する時代なのかもしれません。私たちはいま、人類史の中の新しい二つのＢＣとＡＤの境目を生きています。Before Christ（キリスト以前）とAnno Domini（神の御年）は、２０００年たったいま、Before Computer

（コンピュータ以前）とAnno Digital（デジタルの時代）、そしてBefore Chromosome（染色体以前）とAnno DNA（ＤＮＡの時代）の境目にいるというわけです。

難しい課題を解決するための能力は時代によって変わってきます。例えば、検索サービスやソーシャルメディアが発達している状況では、自身の演算能力や論理的推論能力よりも、サービスを使いこなして情報を調べたり、人に尋ねてまとめ上げる、といった能力の方が重宝されることもあるでしょう。人工知能が一般化してきたら、うまく人工知能に学習させる能力が求められるようになるかもしれません。さらに人工知能が発達して、たいていの知的作業を人間より上手にこなすようになったら、人間に求められるのは愛想のよさとなることだってありえます。

いずれにせよ、文化的な仕組みによって人間の遺伝的な差はさまざまな方向へと増幅していくと考えられます。

子どもから大人への転換点は12歳

学力や知能は遺伝する、そして教育は遺伝的な格差を拡大する方向に作用する。そうであるならば、教育とはどうあるべきなのでしょうか？

それについて語る前に、まずは人間がどのように成長していくのか、その過程を見てみることにしましょう。

私たち人間と類人猿であるチンパンジーの成長過程は一見するとよく似ていますが、脳の発達という観点からは大きな違いがあります。

京都大学 霊長類研究所の研究（図15）により、妊娠16週の時点でチンパンジー胎児の脳容積はヒト胎児の約半分の大きさであることがわかりました。ヒト胎児の脳容積は妊娠32週ころまで急速に増加していきますが、チンパンジー胎児の脳容積の増加率（微分係数）は妊娠22週以降頭打ちになります。ヒトはその後、生まれてからも脳の大きさを増やし続け、子ども期が終わる12歳くらいになって、ようやく大人の大きさになります。

人間は新生児の段階で数十億個の脳細胞ができあがっているわけですが、人間とチンパンジーで生まれたての赤ん坊を比べてみると、チンパンジーの赤ん坊の方がはるかに運動能力に優れています。チンパンジーは誕生直後から手足を動かすことができ、母親のおなかにぶら下がることもできるほどです。それに比べると、人間の赤ん坊は文字通り頭でっかちな状態で生まれ、一人では何もできません。運動能力についていえば、チンパンジーの新生児の段階に達するまでに、人間は1年もかかってしまうのです。

人間の赤ん坊はその後3年ほどかけ、脳細胞の配線を急速に発達させていきます。やがて

図15　チンパンジーとヒトの胎児における脳容積の拡大

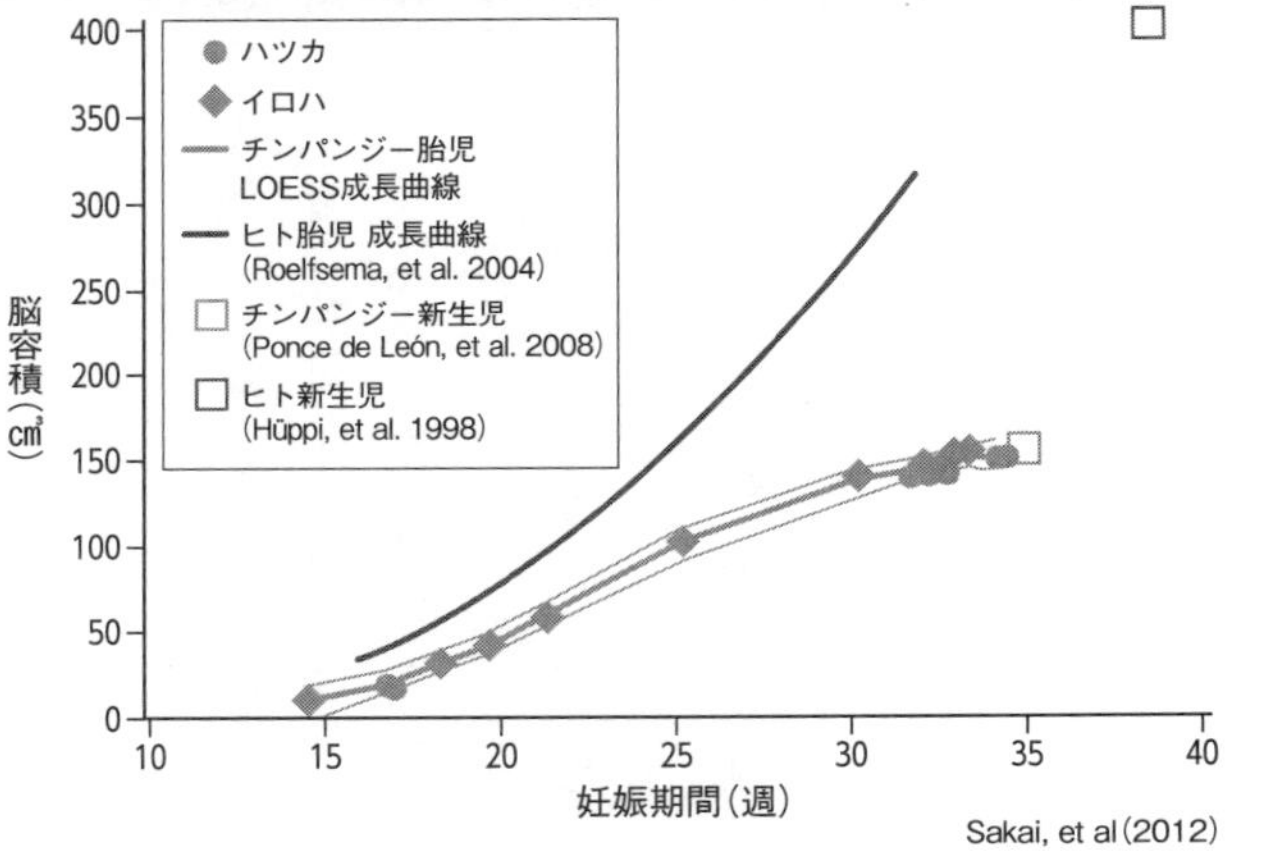

Sakai, et al(2012)

6歳くらいまでに脳の配線は80〜90%ができあがり、だいたい10〜13歳くらいで大人とほぼ同等の脳ができあがります。

子どもの成長は驚くほど早い。そういわれたらみなさんは納得するでしょうが、身体の発達を他の動物と比べてみると人間の子どもの成長はそれほど早くはありません。むしろ一人前の大人になるまでの時間は、あらゆる動物の中で最も遅いのが人間なのです。

人間の子どもの成長はチンパンジーに比べてゆっくりしていますが、男なら12〜14歳頃、女なら少し早い10〜14歳頃に第二次性徴期、いわゆる思春期スパートを迎えます。この時期に、身体は一回り大きく成長し、男は男らしく、女は女らしく変わっていきます。このような成長のパターンを取る動物は人間だけのようです。なぜ生まれてから、十数年も経っていきなり身体が大きくなり、性機能も発達するのか？

どうやら人間は、第二次性徴期までは脳の発達にエネルギーを振り向け、脳がある程度完成したところで身体の方にエネルギーを向けるらしいのです。

現代日本では20歳から「成人」ということになっていますが、歴史的に見てこれはかなり異例でしょう。日本でもかつては数え年で12～14歳になると男子は元服の儀式を行い、それ以降は大人として扱われるようになりました。戦場での初陣や丁稚奉公を始めるのもだいたいこのくらいの時期です。文化によって年齢の幅はあり通過儀礼を10歳くらいで行う民族もいますが、8歳で成人扱いすることはありません。12歳くらいを境に、子どもから大人へと移り変わるのが、人間という生物の特徴です。

教育の意味も、この時期を境にがらりと変わることになります。12、13歳くらいまでの教育の目的は、子どもを大人にすること。それ以降の教育は、大人として社会にどう適応させるかが目的となります。それが小学校教育と中学校教育の大きなちがいなのです。

親以外に子どもの面倒を見る大人がいるというのも、他の動物には見られない人間ならではの特徴でしょう。年を取って生殖能力をなくしたら、たいていの動物はやがて死んでしまいます。チンパンジーですらそうなのですが、人間は生殖能力をなくしてからも長く生き続けます。これは近代医療によって寿命が延びたからではありません。

人間の脳は他の動物に比べて格段に大きいため、胎内で成長しきってから生まれることができません。自分では何もできない弱々しい存在として生まれ、他者の助けを借りて成長していくというやり方こそ、人間の適応戦略だったといえるでしょう。

生殖能力を失ってからも生き続けて、下の世代の面倒を見ることが、適応進化だったと考えられます。子どもの面倒を見るおじいさん、おばあさんがいることで、親は働くことができますし、もっと多くの子どもを産んで遺伝子を残せるわけです。また、子ども期が12歳までと長いため、先に生まれた子どもが後で生まれた子どもの面倒を見ることもできます。

12歳までの教育は、親が養育者として行う仕事を外部に発注していると見なせます。親がいないときは、おじいさんおばあさん、地域の大人たち、そして保育園や幼稚園や小学校の先生が子どもの養育を肩代わりしてきたのです。そういう意味では、日本の都市部で起こっている待機児童問題にしても、退職した高齢者の活用がカギになってきそうです。また、保育士や幼稚園・小学校の教員の待遇ももっと改善すべきでしょう。こういう職業の人たちが子どもたちの面倒を見てくれているからこそ、親は仕事をして稼ぐことができているのですから。

その人らしさが発現するタイミング

12歳頃を境に、子どもは大人へと変わっていきます。身体は急成長して、男らしく女らしくなり、生殖活動も行える。大脳についても、ハードウェアのレベルではほぼ完成形になる。

明確なエビデンスがあるわけではなく、行動遺伝学の研究を通じての推測になってしまうのですが、「その人らしさ」はどうやらこの時期に出始めているようなのです。

それ以前の子ども期では、まだその人が持っている遺伝的な形質や素養といったものは具体的な形を取っていません。いわば空の雲のようなものであり、ふわふわと不定型で曖昧です。

思春期の始まる12歳頃から20歳くらいまでの間に、雲は次第に何らかの形を取り始めます。第4章の図13で紹介した知能の遺伝率の増加がそれを示唆しています。形とはいっても、必ずしもわかりやすい形になっているとは限りません。不定形の雲を見て、何となくクジラのよう、ソフトクリームに見える、帽子そっくり……などと思うのと同じように、音楽が得意かも、人を引っ張る力がありそう、お笑い向きじゃね？……など、人それぞれにその人らしさが見え隠れしてくる。それが才能の芽生えかもしれません。でもまだ文化的に洗練されていません。それでもその形は人の一生を通じて持続するように思われます。

この時期に知識を得る、誰かと知り合う、何かと出会う、そうした環境の作用を受けると、遺伝的な形質は文化的に増幅され、才能として発現することになるのでしょう。

教育とは白紙に絵をかきこむことではなく、もともと内在する資質をあぶりださせ、適切な方向付けをすることなのだという主張です。人間は一人では生きていくことはできず、社会的な関係が不可欠です。社会的な関係の中で一番の基本は職業（この中には専業主婦／主夫なども含みます）であり、社会の中に居場所をつくるというのは自分が生き続けていけるニッチを職業のなかに見つけることと同義といえます。

形を取り始めた雲が、どういう風に職業へとつながっていくのか。12歳以降の子ども、いやすでに大人期に入った人間を教育する立場の人は、「この人間はこれからもっと変わっていく」と考えるのではなく、「この人間にはどういう形質が出始めているのか」という視点で見ることが求められます。

ただ、というのは簡単ですが、「こうすれば人の持っている才能がわかる」などというやり方があるのであれば苦労はありません。

英才教育の項目で述べたように、芸術やスポーツなど個人プレイが求められる分野で傑出した才能を見出すのはそれほど難しくはありませんし、逆に、極端に何かの能力が劣っていたり、犯罪に走る傾向がある人も比較的容易に見つけることができます。

難しいのは、傑出しているわけでもなければ、極端に劣っているわけでもないふつうの人の持っている素質や性向といったものをどうやって見出すかでしょう。

一見、役に立たなそうなことが、自分の身を助けることにつながることもあります。少し前であったら、テレビゲームがいくらうまくても何の役にも立たないと考えられていました。しかし、今では国際的な大会で活躍するプロゲーマーや、ゲーム実況を配信して人気を博するYouTuberのような人も現れています。

私の大学の学生の一人に、格闘系のテレビゲームの大変上手な学生がいました。東日本大震災が起こった時、彼は自宅で津波に巻き込まれました。家は流され、窓から見える景色は、漂流物がぐるぐると回っているとんでもない状況でしたが、そのときなぜか彼はとても冷静になりました。頭の中に周りの状況がゲームのように立体的に思い浮かび、どちらの方向にどうやって逃げればいいのかがわかったといいます。ゲームをずっとやり続けていたことによって空間把握能力が研ぎ澄まされており、その極限状況でみごとに生かされたということなのかもしれません。

もっともっとささいなこと、例えばついこだわってしまうもの、繰り返し繰り返しそれを見たり訪れたくなる事柄や風景、なぜか絶対人に譲りたくない価値観、そのときには才能などと呼べるたいそうなものとはとても思えない、見過ごしてしまうような癖であっても、それがすでに才能の素材となりえます。それがまったくない人はいません。ないと思っている人は、そう思い込まされているか、その人にとってあまりに当たり前すぎて、その特異性に気づいていないだけです。その意味で、才能の発見とは、まだ発現していないものを発現させることよりも、すでに発現しているものの中に文化的・社会的価値を見出していくことだと思うのです。

過去の栄光に溺れるな、いまの不幸を嘆くな

12歳頃に形を取り始めた「その人らしさ」は、教育を始めとした環境の影響を受けて増幅され、能力として発現していく。どのように能力が伸びていくかは、その人が本来持っていた遺伝的な素養によるところが大きい——。

先の章でも取り上げましたが、双生児の研究によって、学校や先生が違っても学力や知能はたいした影響を受けないということがわかっています。となると、子どもを「よい学校」に行かせることに意味はないのか、すべては生まれ持った素質で決定されてしまうのか、子

どもを持っている親は悩むところだと思います。

ものすごく教え方のうまい先生と、その先生と相性のよい子どもが出会い、子どもの中に隠れていた遺伝的才能がぐんと引き出される……そういうビリギャルのようなケースが皆無とまではいいませんが、滅多に起こることではありません。

子どもがある先生に出会い、ぜひともこの人に習いたいと思った、この学校の校風や教育方針にぞっこんなど、個人的な事情で進学先を決めるのはよいでしょう。けれど、偏差値が高いとか世間的な評判がいいとか、そうした理由で学校を選んでも大した違いはありません。

そんなばかな、と思うでしょう。じゃあ、なんで一生懸命勉強して偏差値の高い大学に入ろうとするのか、と。しかし教育経済学の双生児研究はこのことをものの見事に説明してくれています。一卵性双生児でもちがう大学へ行くきょうだいがいます。中にはレベルの違う大学に行くことになってしまったケースもあります。一卵性双生児は遺伝要因も共有環境も同一ですから、その二人の差は、いわば同一人物が環境の違いだけでどのくらい異なる結果をもたらすのかという、絶対にすることのできない統制実験が、自然に成り立っているのです。

それによると差がありませんでした。もちろん通常は偏差値の高い大学の卒業生のほうが生涯賃金は高くなります。しかし偏差値の高い大学と低い大学に別れ別れに通うことになった一卵性双生児で収入を比較すると、その間に差はなかった。おかしいじゃないかと思われるでしょう。からくりはこうです。収入の差は、通った大学のレベルによるのではなく、もともとの能力によるものなのです。このような双生児は、ここでいう非共有環境（そこには偶然も含まれます）によって、たまたま行く大学のレベルがちがってしまった。しかし遺伝的素質や共有環境は同じ。それが7～9割の能力を規定しています。大学ごとの一般的な能力水準は、偏差値の高い大学のほうが高いので、大学間で比較すると、偏差値による収入の格差が生まれます。しかしそれはそもそも学生の能力水準がもともと異なるからであり、大学が異なるレベルの教育をしたからではないのです。

このことから、学歴や大学のレベルは、実質的にどんな教育を受けたかの指標ではなく、どの程度の能力を持っているかの指標（シグナル）にすぎないというシグナリング理論が成り立つわけです。

これが教育本来の機能として健全ではないことは事実です。

経験を積んだ教え方のうまい先生と、新米の下手くそな先生では、生徒が授業に向かうモティベーションはちがってきます。また、先生によっては授業崩壊を引き起こしたり、イデオロギーに凝り固まって間違ったことを生徒に教えるケースもあり得るでしょう。そのときクラス間で成績が大きく異なることもよくあります。

先生のちがいによって生徒の学力差や適応差は出てくるのですが、その環境の効果の持続性はそれほど決定的ではないのです。ある人が何らかの環境に置かれれば、遺伝的な形質はその環境の影響を受けて発現します。しかし、その人が別の環境に移れば、新しい環境の影響が一番大きくなり、以前の環境の影響はほとんど残りません。同じ形質について時系列的に何時点か双生児のデータをとって分析すると、ほとんどの場合、非共有環境はその時点のときにしか効いておらず、別の時点では同じ形質でも別の種類の非共有環境がかかわっていることが明らかになります。環境の影響で一番大きいのは、「いま、ここで」なのです。

仮に、一卵性双生児の片方を、やる気のない先生しかいない学校へ入れ、もう片方は教え方のうまい先生だらけの学校へ入れたとしましょう。幼少時から成人するまで、ずっと同じ環境にいなければいけないというのであれば、学習する内容も変わってきますから、遺伝的な能力の発現に差は出てくるでしょうが、いまの教育環境はよくも悪くも流動的で、学年や学校が変わるごとに環境も大きく変化します。先生の出来不出来によって、生徒が大変な迷惑を一時的に被ることはあるかもしれませんが、小中学校の9年間、高校まで含めれば12年もの間、ひどい環境に居続けなければならないということはめったにないでしょう。

なにか、だまされたような気がするって？　それはあなたの思い出のせいです。自分自身の記憶に残る思い出は、そのころの嫌な気持ち、楽しかった感情とともに、心に残ります。

思い出はその人にとってかけがえのない大事なもの。いい思い出も悪い思い出も、それこそがその人の人生そのものになります。その意味で同じ家庭で育った一卵性双生児ですら、異なる人格になります。しかし、あなたがいまのあなたの居場所で発揮する能力の内容やレベルとはまた別の問題なのです。

だから、私は学生たちにも常々、「過去の栄光に溺れるな、いまの不幸を嘆くな」といい聞かせています。

スクールカーストは実社会の縮図ではない

環境の影響は一時的なものとはいいましたが、過酷なスクールカーストが存在して陰湿ないじめが横行しているとか、完全に学級崩壊しているような状況だとわかっているのであれば、そこに子どもを行かせるべきではないのは当然です。

スクールカーストは社会の縮図という人もいますが、学校が現実の社会から切り離された極めて特殊な環境だということを理解すべきでしょう。

中学校や高校における生徒の年齢の幅は、わずか3年。実社会からは隔離されており、社会的責任を伴う生業にかかわっているわけではない。その社会の構成員のほとんどは未成年の生徒で、そこにいる大人は教師しかいない……。実社会は異年齢集団と異なる役割の人々のネットワークから成り立っています。

確かに実社会においても、陰湿なパワハラやセクハラのような形で、理不尽な力の上下関係の中で苦しんでいる人はいます。そのために不幸にして自殺に追い込まれることすらあります。さらに戦争のような極限状態で強制収容所やホロコーストのような事態になれば、こうした状況に陥る可能性は増します。しかし、これは法的、政治的に対処すべき事態であり、教材にすべきことではありません。

特殊な状況をバックグラウンドにして起こっている、スクールカーストやいじめを体験させたところで、実社会では何の役にも立ちません。強制収容所やホロコーストの悲劇を教材として学習することに意味はあるでしょう。またそのような状況に陥ったとき、どのように対処するか、それに気づいたときどのように助けてあげるか、その対処法を教育の対象とすることも有意義です。しかし、その経験すらも教育だというのは欺瞞だと思います。

ですから、もし子どもがそういう不合理な環境にいることがわかったのであれば、転校させるなどして、そこから逃がすのは親のつとめです。行動遺伝学を持ち出すまでもない、あまりにも当たり前のことではありますが。

日本の学校はがんばっている

学校や先生によって学力はそれほど変わらないと述べましたが、それは中学校や高校の先生が役に立っていないということではありません。むしろ事実はその反対です。

難関大学に何人生徒を入学させたかは世間的な関心が高い話題ではありますが、現場の先生はそういう単純な尺度だけで生徒を見ているわけではないことを強調しておきましょう。

日本の学校における活動は、諸外国に比べると多様です。授業以外にも部活動や文化祭、体育祭、修学旅行等のイベントもあり、いろいろな才能を発揮できる場が用意されています。

とりわけ日本の学校が用意するたくさんの種類の部活動は、学校がさまざまな分野の文化的活動に、生徒の特別な境遇や経済事情にかかわりなく、基本的に誰でもかかわらせることのできる素晴らしい環境を提供してくれている、世界に誇るべき教育文化といえるでしょう。

学校の先生は、ただ教科の知識を教えるだけでなく、そうした多様な活動を通じて社会に目を開かせ、他人とのつながりを考えさせ、健康や安全についての心構えを教えます（近年社会問題となっている子どもの貧困問題に対して、貧しくても部活動がいろいろな文化に自由に平等にアクセスできる環境を提供してくれているか、貧しいと学校の中でもいろいろな文化へのアクセス権を奪われているかは、きちんと見極めねばいけません)。

子どもの能力に遺伝的個人差があるのと同じように、教える能力にも遺伝的個人差があり、先生という職業についているからといって、みんなが遺伝的に優秀な先生でないことは当然でしょう。中には教え方が絶望的に下手だったり、人間性に欠け先生として不適格という人もいるにはいるでしょう。これはいかなる職業についてもいえることです。同時にこれもいかなる職業についてもいえることですが、ダメな先生が多数派とは考えられません。むしろ、日本の先生の質は、かなり良いところでそろっているといえます。

それは2つの証拠から推測されます。

まずその証拠として、PISA調査の結果が挙げられます。PISAというのは、国際的に実施されている15歳児を対象とした学習到達度調査のこと。2012年の結果を見ると、数学的リテラシーは7位、読解力は4位、科学的リテラシーも4位と、いずれの分野でも世界でトップレベルの成績です。教育の現場がきちんとしていて、できない生徒もそれなりにケアできているからこそ、これだけの成績が出ているのでしょう。

もう1つの証拠が、皮肉なことですが、学業成績への遺伝率の高さ、そして非共有環境の小ささです。学年にもよりますが、日本人の学業成績の遺伝率は欧米と比べてやや高く、非共有環境は少な目です。これは先にも述べたように、教育環境が学校や先生のちがいはあっても、ある程度均質でそろっていることの間接的証拠になります。

学校によっては深刻なスクールカーストやいじめといった問題が存在するのは確かであり、これらへの対処は考えなければなりません。けれどいまの学校生活が、子どもを奴隷状態においていて、偏差値だけを基準にひたすら学力だけを上げさせる過酷な環境であるとか、日本の学校の先生の質は低いとはいえないでしょう。

ただ、児童期から思春期の長い時期、生物学的にはおとなになるための準備期間と大人になってからの社会適応期間を、学校という単一の機関の中だけで完結させているいまの学校教育制度は、長い人類史から見るときわめて特異であることは認識すべきでしょう。狩猟採集社会から近代学校制度が始まってしばらく経つまで（中学までの義務教育が終わると多くの子どもが社会に出ていた時代まで）の、人類史の99％以上を占める長さの中の子どもの成育条件を、現代社会と比較したとき、明らかに異なる生物学的に不自然な特質が三点あることを指摘しないわけにはいきません。

第一に、ヒト特有の長い子ども期に特徴的な異年齢集団が、学年制によって崩壊したこと。第二に、生物学的に成人と同じ条件に達した思春期の人たちが、本来直面する大人社会への適応という課題が、社会の不透明化のために、成立しにくくなっているということ、そして第三にヒト特有の長い老年期にいる人たちが子どもとの間で成立させていた養育と教育の機会が奪われていること、この三点です。

「考える力」を持っていないのは誰か？

社会で求められる能力が多様化していることは、教育関係者も理解していますが、それを教育の現場に落とし込もうすると途端におかしな提言をすることになってしまいます。

その最たる例が、「自ら考える力を養う」でしょう。問題を見つけ、自分で考えて問題を解決する……。そんな曖昧で抽象的な能力に勝手な名前を付けてそれを向上させようなど、これ自体が「自ら考える力」のなさの露呈です。いったいこの世の中のどこに、「自ら考える力」などという抽象的な能力を「学習」した人がいるのでしょう。それを人から教わった人がいるのでしょう。「自ら考える力」は学校で訓練しないと身につかないものだと、ほんとうに信じているのでしょうか。政府の役人や学者に促されて、「自ら考える力」を学校教育で教えられる、教えねばならないと、もし真面目に信じてそれに取り組もうとしている先生がいたとしたら、それこそ教育という柔軟な発想を求められる仕事に対して、その能力を持たない人たちが受けもたされていることの不幸を表しています。

そもそも現場の「自ら考える」ことのできる先生たちは、「自ら考える力」だとか「アクティブラーニング」などといわれずとも、いまある教材を使って、子どもたちに考えさせようとしてきました。また子ども自身が、つねに必要に応じて「自ら考えて」生きています。もし「自ら考えて」いなさそうに見えるとしたら、その方がその状況では適応的だから、あるいは別のやり方で適応した方がよいと子ども自身が「自ら考え」ているからです。

いま注目を集めているアクティブラーニングというのは、生徒を能動的に授業に参加させて（「能動的」に「させる」という表現自体が自己矛盾ですが）、グループで議論しあったり、共同で作業するといった学習方法を指します。アクティブラーニングが授業のバリエーションの1つとしてあるのはよいでしょうが、そればかりを強調して一律に実施すると、かえって学習の多様性が損なわれてしまう可能性があります。例えば、一人で本を読むことは受動的な学習に見えますが、自己と対話しながら知識を吸収していくのは重要な活動ですし、これによって自分の才能を開花させていく生徒も確実にいるわけです。何かが「流行る」ときは、その流行によって光の当たらないものにこそ、注意を払い、光を当てる必要があります。

小さな教育改革と大きな教育改革

では、教育のあり方はまったく変える必要がないのかといわれれば、そうではありません。

先ほど述べたように、生物学的に考えて、今日の教育状況には不自然と思われることがいくつかあります。また教育の最終的なアウトプットが、一次元の学力と学歴としてしか社会的に認知されていない状況はやはり改革が必要でしょう。

教育改革には2つの道があると私は考えています。

1つは、いまの教育制度の大枠はそのままにして運用を変える、小さな教育改革。

もう1つは、働き方も含めた大きな教育改革です。

「無理のない」勉強をする

私たちが生きているこの社会、文化は、膨大な知識の積み重ねで支えられており、そこで生きるためには知識を学ぶことが欠かせません。

日本の学校で学習する教科、そこで使われる教科書などの教材は実によくできています。科学、数学、歴史、社会、言語、思想、芸術、運動など、人類が蓄積してきた多様で代表的な文化を、上手に要約しています。ですから高校までの、いや中学までのすべての学習内容が本当に自分に身についていれば、世界がなぜこのようになっているのか、不透明だった社会の仕組みに洞察を与えてくれる手がかりになり、世界のどこにいっても通じるといっても過言ではないでしょう。文部科学省をよいしょするわけではありませんが、これらを支える学習指導要領の志の高さには感服の一言です。これ自体、多くの識者の知恵の結晶です（もちろん、ケチをつけ始めれば、これまたいくらでもケチはつけられますが、その前にこのような教育制度そのものの意義は認めなければなりません）。

しかし問題は、中学や高校を卒業するまでに、あれだけの内容をきちんと身につけられる人がほとんどいないということです。

いったい学生時代、学校の授業を完璧にマスターしたと胸を張れる人がどのくらいいるというのでしょうか？　これはその目で見ると実に奇妙で不気味なことです。ほとんどだれにもできないことを、あたかもできるのが当たり前のように扱われている。

大学の教師になって、初めて入試の採点をしたときのショックはいまでも覚えています。合格ラインは、ほとんど50点かそれ以下なのです。なんだたった半分できればいいのか。それすらできない人がこんなにいるのか。ましてや完璧な人など、ほとんどだれもいない、それが現実だったのだ、と。

このとき、「ならば誰もが100点をとれるような教育に」というかつてのゆとり教育の時代にいわれたスローガンが頭をよぎります。しかし行動遺伝学的に、そんなことはあり得ません。能力にはもともと遺伝的な個人差があるのですから。

私自身、大学受験のために日本史と世界史を勉強したのですが、勉強した内容は恐ろしいほどに何も残っていません。これは私だけの話ではないでしょう。もし、学校で教えている内容を誰もが完璧に身につけられるのなら、みんな英語はペラペラでしょうし、微積分を使った課題も難なくこなすはずです。

多岐にわたる受験科目を難なくこなして東大や京大に入る人もいますが、多くの人は授業に関して多かれ少なかれ敗北感を感じているのではないでしょうか。あまりにも授業についていけなくて、学校そのものがイヤになり、卒業してからは、もう勉強そのものがうんざりと感じている人も少なくありません。まさに「かけっこ王国」のようです。

ちょっと話はずれますが、ここ10年ほど、私は近所のスポーツクラブに通っています。初めてそのスポーツクラブに行った時、私は少なからぬショックを受けました。ストレッチや筋力トレーニングの説明をしているインストラクターが、「気持ちのいいところで、止めてください」といったのです。

学校では、頑張って勉強しろ、ベストを尽くせといわれます。それは社会に出てからも同じです。仕事でも最高のパフォーマンスを出すことが求められます。

「気持ちのいいところで止めてください」というインストラクターの言葉を聞いて、私は

「あ、これでいいんだ」と思いました。

その後もスポーツクラブは続けていますが、私は別にプロのアスリートになろうとか、オリンピックに出ようなどとは考えていません。もう少し痩せたいと思いながら適度に筋肉に負荷をかけ、気持ちよく汗をかきながら、なぜ痩せないんだろうと感じているだけです。

学校での勉強がそうであってはいけないのでしょうか？

先生は生徒のレベルに合わせてある程度調整してはいるでしょうが、基本的には教科書の内容をすべてできるようになることを要求します。そして、できるようになった者から順にいい大学に入れるという仕組みです。

けれど、誰もが三角関数や微積分を使って、高度な問題を解かなければいけないわけではありません。「微積分や三角関数というのは社会の中でこんな風に使われているのか、なるほど」とわかったような気がするというだけで、十分だという人もいるはずです。それでも、モノの動きや構造を理解するときに、それを知らないよりも深い理解ができるようになります。

歴史についても、みんなが年号を丸暗記して、起こった出来事をすべて理解しようとしなくてもいいでしょう。関ヶ原で徳川家康に敗れた石田三成の志に共感したり、明治の民権運動でここまで民衆の意識が高まったのかというように興味を感じた方が、歴史そのものが嫌いになるよりよほど有意義なはずです。

教科書の内容をすいすい理解できて、勉強が苦ではない人は、どんどん勉強していけばよいでしょう。もちろん、そういう勉強ができる人と、何となくわかった気になった人では、学業成績に差は付きます。でも、スポーツクラブで100kg以上のバーベルを持ち上げる人もいれば、軽い運動で健康を保っている人がいるのと同じように、いろんな形での知識との接し方があることを認めた方がいい。誰もがオリンピック選手を目指さなくてもいいのです。むしろ重要なのは、それぞれの生活の中で、何かをずっと学び続けていられることです。

「本物の知識」は専門家にしか教えられない

そもそも、中学校や高校の先生が教えているのは、往々にして「本物の知識」ではありません。

先に、人間は12歳頃を境に、子どもから大人へと変わっていくと述べました。12歳頃までの教育は子どもを大人にすることが目的ですが、それ以降の教育は社会にどう適応させるかが目的となります。

現代社会は高度な知識の集積によってできているのですから、その知識を伝えられるのは、本来なら専門家だけのはずでしょう。にもかかわらず、不思議なことに中学教師、高校教師という職業が存在し、専門家でもない彼らが生徒に知識を伝えようとしています。

今世の中で起こっていることを歴史の中に位置づけて考えて生徒に伝える歴史家だとか、数学に人生を捧げた数学者だとか、世界中の人と英語で渡り合ってきたビジネスマンだとか、そもそも論でいうなら、そういう「本物の知識」を体現している人しか、知識は教えられるはずがないのです。

しかし国民のすべてを専門家が教えられるはずはありません。また専門家が教えることが上手であるとも限りません。かくして教育者という職業が生まれました。そして教える人によってレベルや内容に差があってはまずいということで、教えるという行為を規格化し、現在の教育制度がつくられています。

それでも、12歳以降の「大人」に対して教えるべきは社会とつながった本物の勉強であるべきです。実際スポーツや芸術の分野で一流を目指す人は、専門家から教わります。ところが公教育のなかでふつうそれはあり得ません。その結果、学校で教えているのは偽物とは言わないまでも、あくまでも代替物でしかなくなっているのです。

学校は「売春宿」である

そのように考えを進めていくと、学校がなにをしているのかが見えてきました。これは言葉にするのもはばかれる表現ですが、あえて言いましょう。

「学校教育とは売春宿である」

これは性教育を充実させろといった類の話ではありませんから、誤解なきよう。

人間には生きる上での三大欲求があると言われます。食欲、性欲はたいてい入っていますが、3番目は睡眠欲だったり、金銭欲だったり、権力欲だったりと、人によってまちまちのようです。私は、3つ目の欲は「知識欲」だと考えています。

知識といっても、学校でする「お勉強」のことばかりではありません。捕まえたポケモンがどんな性質を持っているのか、野球でボールをどうやったらもっと速く投げられるのか。知りたいという欲求はすべて立派な知識欲です。

食べ物やセックスが不足すれば食欲や性欲がむらむらと沸き上がってきますが、同じように何かを知りたくて仕方がないという欲もむらむら湧いてくるものです。ふと湧いた疑問を誰かに尋ねたり、本やネットで調べたり。頻度や強度、内容は人によって違いますが、誰にでも知識欲は備わっています。

知識欲が性欲と似ていることに、最初に気づいたのはプラトンでした。

プラトンの対話篇の1つ『饗宴《きょうえん》』の中では、エロスについて議論されています。美しい完全なるイデアを肉体が求めてセックスするのと同じように、真・善・美という徳を得るために人間の魂の中で生殖をする。それが、つまり哲学なんです。そして教育も魂の生殖として描かれます。

ピタゴラスの定理しかり、相対性理論しかり、農作物の栽培法しかり、人権思想しかり、最初にそれらの知識を生み出した人は、間違いなく知に対する愛を持っていました。何かを面白いと感じ、もっと知りたいというエロス。その知によって理想を実現したいというエロス。そのエロスによって、人間の文明は成り立っているのです。学校ではそのエロスで生み出された知識を生徒に伝え、生徒のエロスに火をつけようとするわけです。しかし誰もがエロスを持つようになれるわけではありません。

もう一方の「エロス」を考えてみてください。無理矢理、風俗店やホストクラブに連れて行かれて、そこそこ気持ちのいいことを味わったとしても、そこで本当の恋人が見つかるわけではないでしょう。いや、たまには本当の出会いも起こるかもしれません。でも、たいていはそういうところでの愛は擬似的で、本当の恋人は、自分自身が本当に生きる世界のどこかで出会い、愛情を育むものではないでしょうか。

学校で感じるのも、知識に対する擬似的なエロスです。そこで多少なりとも気持ちのよさを味わうことで、本当の愛を求めに旅立つ――ばあいもある。しかし本当の愛が見つかるのは、多くの場合、その人自身が生きる場です。ところが知識に関しては、私たちの社会は、初めからすべての人を「売春宿」に閉じ込めようとしています。

授業に対するモティベーションを調査した研究があります（図16）。この調査によると、小さいころにあった難しい課題への挑戦心とか好奇心、一人で成し遂げてやろうという気持ちが、学年が進むにつれてどんどん下がってゆき、テストのために勉強しようという気持ちが高まっていく様子がわかります。

売春宿で出会った相手ととりあえずつきあい始めたものの、本当の恋には至らずに別れてしまう……。そういう悲劇が学校中で起こっていることがよくわかります。

この比喩を偽悪的だと思う人は少なくないでしょう。特に真面目な学校の先生であれば、自分の仕事を侮辱されたと思っても不思議ではありません。確かに学校をあえて偽悪化し、デフォルメしています。もしこの比喩が不適切であるならば、それは学校にはしばしばホンモノがいるということでしょう。江戸時代の花魁《おいらん》が、ただ性的な魅力だけでなく、芸技と教養を最高のレベルにまで高め、男が本気で自分のものにしたいほどの本物の女性であったよ

図 16　内発的動機づけの学年を追っての変化

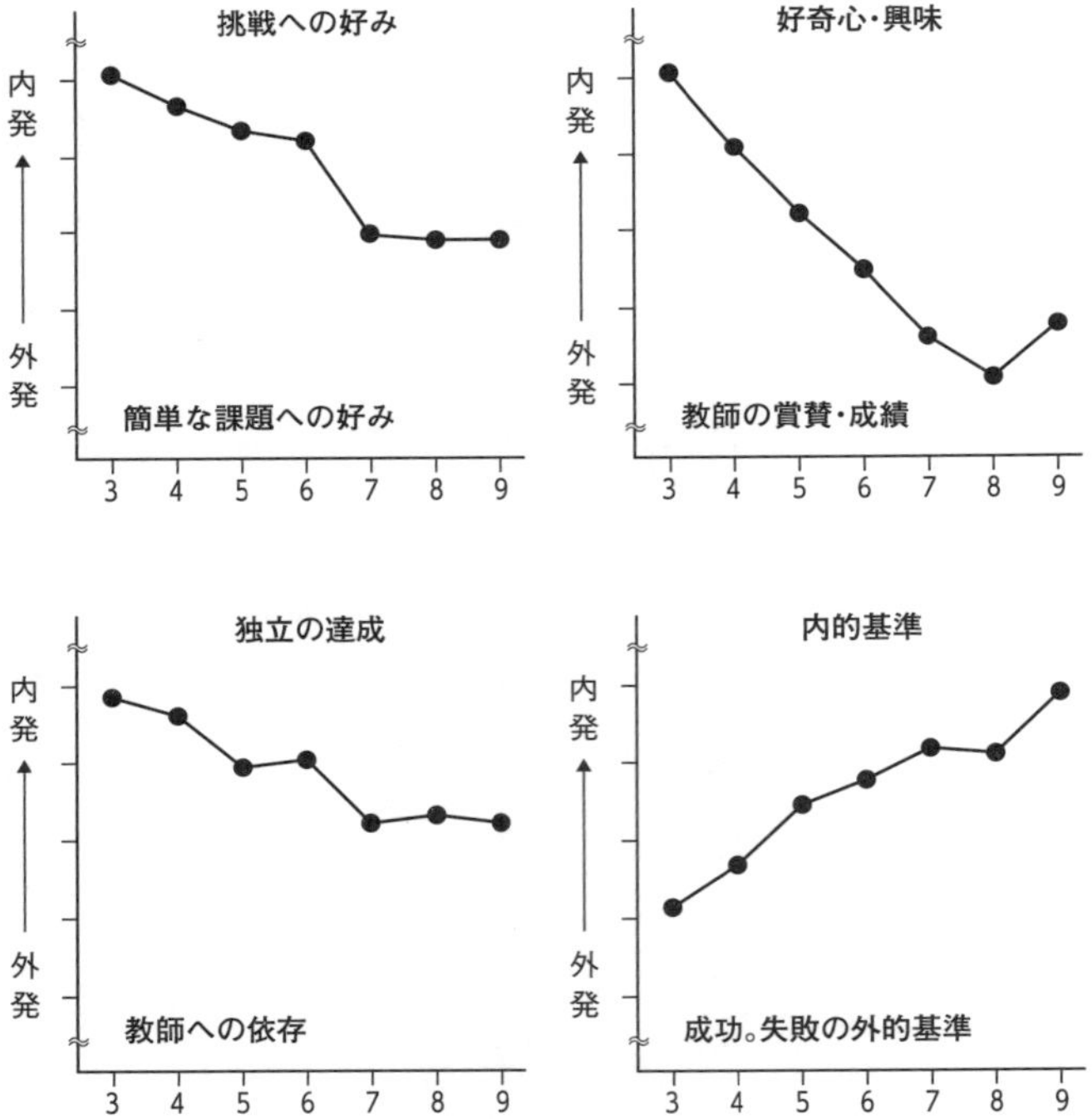

出所：Harter, 1981: 無藤・藤崎・市川　(1991)『教育心理学』有斐閣 より転載）
Harter, S. (1981) A new self-report scale of intrinsic versus extrinsic orientation in the classroom: Motivational and informational components. Developmental Spcyhology, 17, 300-312.

うに、学校の先生の中には、教師としての存在そのものが、生徒にとって本当に魅力的な人もいるということです。

「本物」に会わせることの重要性

ならば、本当のエロスを見つけるには、どうすればよいのでしょうか？

結局のところ、生徒に「本物の知識を学ばせる」、「本物に会わせる」ということに尽きるのでしょう。

テストでよい点を取る、いい学校に入るために勉強する、生徒がそう考えた途端、勉強はニセモノになってしまいます。

自分の中にある「好き」や「得意」を活かして、社会で活躍している大人は本物です。そういう形で先生になっていれば、それは本物であるといえるでしょう。しかし本物の大人がいるのは、主に実社会です。それが「プロ」です。そういう大人になるためには、どうすればいいのか、どんな知識が必要になってくるのか。それを知ることが必要なのではないか。

プロの現場を見るために学校をサボっても、いいではないか。怠けるのではなく、学びたいことがある生徒なら、そういうサボりを許容する緩さが教育環境にあってもよいと私は思います。実際、昔はそれを許す緩さが学校にも教師にもありました。しかし最近はお役所が厳しく、真面目にやらないと叱られるようになってきています。学校や先生が許してくれないなら（まあ公然と許しはしないでしょうが）、自分の責任でプロに会いに行けばいい。私自身は大学で、学生が世の中で魅力的だと思う人のところに行って、その人の人生の「聞き書き」をするという授業を、専門の行動遺伝学や教育心理学とはまったく別に、行っていきます。学生は、ともすればメディアでも知られる有名人に会いに行こうとします。もちろんそれはそれで貴重な経験です。しかし本当にしてほしいのは、もっと身近にいる、もっと普通の人が放つ魅力に気づき、それが何かを知ることです。

結果の出ないところで、嫌々努力をするよりも、気持ちのいいと感じることをやった方がよほど能力が発現する可能性は高いはずです。好きなことをひたすらやっていては、世間一般でいうよい学校には入れないかもしれません。けれど先にも紹介したように、収入も含めて年を重ねるごとに遺伝の影響が増していくことを考えると、自分なりの能力を磨いていった方が有効な戦術だといえるのではないでしょうか。身近な普通の人の魅力の中に、そういう能力が潜んでいるはずだと思うのです。

教育それ自体でクリエイティビティをつくり出すことはできません。しかし、生徒が学んだ知識を活かせる場があれば、それは本物の勉強へとつながり、クリエイティビティを引き出す可能性があります。

ここまで述べてきたのが、私の考える小さな教育改革です。改革というよりも、今現実にある教育制度の中で、ちょっと考え方を変えるだけで実現できること、あるいはすでに実現されていることの価値を再認識することです。

では大きな教育改革とはどんなことでしょうか。

第6章 遺伝を受け入れた社会

社会を「キッザニア化」せよ
――社会の中を泳ぎ回って、自分の適性を探す

自分が遺伝的に持っている素質を活かせる場所を探す。

とても美しい言葉ではありますが、そんな場所が簡単に見つからないのは誰しもわかっていることでしょう。環境との出会いは、ランダムであり、学校やキャリア教育プログラムでシステマティックに用意できるものではありません。結局のところ、実際の社会の中でさまざまな出会いを繰り返し、自分で見つけるしかない。そのために、社会の中で自分の「好き」や「得意」を活かして働いている人と、子どもを触れ合わせることが重要だと先の章では述べました。

「社会的に成功」や「自己実現」という言葉を聞くと、私たちはどうしても集団内のトップをイメージしてしまいがちです。野球だったらイチロー、ミュージシャンなら誰それ、ビジネスマンなら……。そういう一握りのトップこそが勝者であり、それ以外は敗者である、そういう思い込みが素質の発現を妨げます。

すべてのレストランがミシュランや食べログの星の数で評価されるわけでもありません。あなたの街のお気に入りのレストランで働いている人々を思い浮かべてみてください。量と

価格で高い満足度を提供していたり、近所の人たちが過ごしやすいことを売りにしている店もあります。競合店の登場など状況変化によって潰れてしまう店もあるでしょうが、たいていの店は独自の工夫を打ち出し、従業員を雇い、日々の営業を続けています。小さな食堂の店主は、それなりの味のセンスや、何気ない心のこもった接客、従業員のマネジメントといった能力を、何かしらうまく活かしていると思いませんか。

有名人ではなくても、自分の「好き」や「得意」や「こだわり」を仕事の中で発揮し、他人にささやかな幸福を与えながら、ちゃんとお金を稼いで生きている。こういう当たり前のことを、子どもの頃からきちんと理解していれば、より幸福度を感じやすくなるのではないでしょうか。

そのために向かうべき方向として、「社会のキッザニア化」を私は夢見ています。先の章では、学校教育の一環として社会とつながる小さな教育改革を挙げましたが、それをもっと社会全体に拡張していく大きな教育改革です。

職業体験テーマパークで成功しているキッザニアでは、子どもたちは面白そうだと思った職業を次から次へと自由に渡り歩けるようになっていますが、これを実際の社会において実現するわけです。キッザニアは、本物の企業が提供するそれぞれの仕事のエッセンスを、その意義や仕事の手順のたいへんさまできちんと説明したうえで、子どもに実体験させてくれます。キャリア教育の一環でここを利用する学校も少なくないようですが、子ども自身にもとても人気があり、リピーターも少なくないそうです。

これを単なるアミューズメントのためのイベントに終わらせるのではなく、社会そのものが、そのリアリティを子どもに見せる取り組みに発展させることはできないだろうか。それによって、人類史の99％がそうであったように、現代では不透明となってしまった社会の仕組みを、子どもや、すべての人々に対して可視化することはできないだろうかというアイデアです。

学校教育では、平成10年になるころからキャリア教育の必要性が認識されるようになり、平成13年度から学習指導要領に職業体験を取り入れました。近年、多くの中学で3日から5日程度の職業体験学習、高校ではインターンシップ制度、そして社会人派遣講師の取り組みがなされています。またさまざまな企業や自治体で、主に小学生を対象にした「子ども参観日」に積極的に取り組んでいるところが出てきています。親が自分の子どもに自分の働きぶりを見せるその取り組みは、それまでの工場見学以上に、子どもが社会の仕組みの一端に触れながらそれを理解し、親もまた自分の仕事への誇りを感じるきっかけになっているようです。

ただ多くは、短期間のイベントどまりのようです。またそのための特別なメニューを用意しているのが普通で、しかも職域もいまの社会のきわめて多様な職業形態と比してあまりに限られています。やはりよそいきの、ショーウィンドウの中のイベントなのです。ですから、文科省や学校、そしてさまざまな企業の思いや努力に比して、期待されたほどの効果が挙げられていないのが実情のようです。実際に学生に聞いても、それは学校のカリキュラムのなかで、とってつけたように「10年後の私」「私の夢」「なりたい職業」「将来のキャリアプラン」を描かされ、介護体験や工場労働、農作業など、いくつかのお決まりの職業体験のメニューをこなして、ひと夏の思い出に終わってしまう。実際、キャリア教育を体験し、いま仕事についている若者への調査でも、中学や高校のときの職業教育が役立ったと答えている人は2割から3割しかいません。

それはそうでしょう。本来、長い経験と学習の末に習得される不可視な知識や技能で支えられているこの社会を、1日からせいぜい数日の、可視的な体験だけで理解し、自分の人生とかかわらせることなど無理に決まっています。特に中学生では、自分自身の遺伝的資質がようやく形になり始めた、まだ不定形な雲の段階、また一方で職業形態は今日極めて流動的で、現在ある職業が10年後に同じようにある保証がまったくなく、自らも将来、非正規雇用やフリーター（これらの言葉自体が10年後にあるのかどうか…）になるかもと予想している若者が多い時代です。そして何よりも、キャリア教育があくまでも学校教育のカリキュラムの中に位置づけられたままです。

とはいえキャリア教育の方向性は決して間違ってはいないと思います。これが雇用保険の無駄遣いと批判され、はやばやポシャってしまった『私のしごと館』のようにならないよう、学校教育の枠を取り外して、社会全体で取り組むべき課題だと思います。特に中学校を卒業してから、脳が完成し、性的成熟を迎え、生物学的には一人前の大人になった人々に、流動的で多様な、そして世界のすべてとつながっている本物の社会を可視化する仕組みをどうつくればよいのか。

そのために、社会全体が、いつでも、あらゆる世代の人たちに対して、よそいきではないありのままの姿を、その不可視な知識や技能の部分まで自由に経験させ、才能の芽生えた子どもには実際にかかわらせられるようにすること。そのとき社会的責任を担わせながらも、ある程度の未熟さや失敗を許容し、その未熟さや失敗から次の学習目標に挑めるようにすること。そして特定の企業・職域の知識・技能の習得に限定されることなく、社会と人とのつながりまで可視化すること。それが社会のキッザニア化です。

遅くも高校生の年齢になったら、「これだ！」とひらめいた仕事にインターンとして参加し、何らかの手応えが掴めるまで、あるいは思ったような手ごたえが得られないことを身をもって知らされるまで、仕事をしてみる。それを社会的に許容する制度や文化を醸成していくべきでしょう。

高校の授業もまともに受けていないで使い物になるのかと思われるかもしれませんが、いまでも高校の授業を完全にマスターしている人などほとんどいません。そもそも、社会人になってから本当に稼げるようになるまでは、数年はかかるといわれています。

また一方で、高校生が本気になって何かに取り組んだときのレベルの高さには驚くべきものがあり、大人顔負けどころか、完全にプロとして通用する域に達していることすらあります。芸能・芸術やスポーツなどの世界には、昔から「天才少年・少女」がいましたが、最近ではIT技術を活用して起業している子どもも出てきています。そのような才能は、多くは小学生のころからなにか光っていた場合が多いようです。

なぜこうした能力に「天才」が生まれやすいかといえば、こうした領域は初めからその社会の本物の姿に接し、不可視な知識や技能への道が開かれているから、そして個人で到達できる領域だったからにほかなりません(先に紹介したサドベリー・バレー・スクールでそのような領域に関心を持つ子が多いのもそのためでしょう)。ならば、その仕組みを社会のあらゆる職種で実現させることができないか。少なくとも、子ども期から青年期にかけて育つ才能を子ども扱いし、学校教育でテストのためのテスト、入試に受かるための学習に費やされているいまの仕組みは、人類史上の大いなる不条理、能力の浪費としか思えません。

ある程度の年齢になったら、一人前になって自分の食い扶持を自分で稼げるようになってもらわないと困ります。近代以前はそれが12歳前後であり、それは社会的な条件からではなく、生物学的な仕組みがそうなっているからでした。いまでも、才能に気づいたのなら、高校や大学などに行かないでもいつでも仕事を始められる、そして必要が生じたら仕事も移れる、一方、高校・大学で学ぶ知識も含めて必要な知識を必要なときに学べる仕組み（これについては、通信制教育課程や放送大学、最近ではオンライン大学講座のＭＯＯＣなど、さまざまな取り組みがすでに実現されていますが）は、どんな年齢の人間も利用できるようにしておくべきでしょう。

このことは、やりたいこと、好きなことが見つかるまで仕事を先延ばしすることを奨励するものではありません。また、いやなことでもコツコツやることの重要性を否定するものでもありません。才能は環境にさらされなければ顕在化しませんから、一定の年齢になったら、いかなる仕事でも、それが嫌いで自分に合わない仕事であったとしても、まずは社会に出ること。社会のキッザニア化では、他方でそうした認識が並行して成り立っていなければなりません。

ただ、社会のキッザニア化を実現するためには、具体的にどのような法整備や仕組みが必要になるのかを詳細に述べるのは、私の守備範囲を大きく超えてしまいます。

雇用についていえば、解雇規制の撤廃や正社員・非正規雇用の別をなくすことであるとか、仕事を乗り換えやすくするために北欧型の高福祉高負担が必要ということになるかもしれません。いずれにせよ、日本社会全体を揺るがす改革になるでしょう。

ですが、「食べるためには仕方なく働かなければならない」といった悲観論ではなく、「自分の素質を社会の中で活用する」というポジティブな方向性を打ち出すことは、将来に大きな不安を抱えるいまの日本人が最も求めていることかもしれません。

本当に使える能力検定テストとは？

社会のキッザニア化を実現するために必要な要素は極めて多岐に渡りますが、教育分野において比較的進めやすい制度改革はいくつか考えられます。それは、「学年制から能力制への転換」と「能力検定テストの創設」です。

現在の日本では小学校から高校まで、基本的にすべて学年制で運営されていますが、能力には大きな遺伝的差異があるのですから、これほどナンセンスな制度もないといっていいほどです。それがまかり通っているのは、行動遺伝学の知見を許容できていないからでしょう。

教育の目的の1つは知識を習得させることにあるはずですが、残念ながら我が国の学校教育制度は、そのような習得主義に立っていません。だから入学や卒業が形式的、儀式的なものになり、卒業できれば、あるいは入学できればそれで目的は達したことになっています。しかしひとたび習得主義に立てば、学年制というのはまったく不適なのです。同じ年齢であっても、運動能力や知的能力に大きな個人差があるのはみなさんもご存じでしょう。まったく能力の違う人たちに、同じ内容を教えたところで知識が定着するはずがありません。

例えば、これが自動車学校だったら、どうでしょう？　知識や技能を学んでいない生徒を、形式的に進級、卒業させたら交通事故の件数は間違いなく跳ね上がります。1つひとつの知識をちゃんと覚えたか、技能が身についているかを生徒ごとに確かめ、できていない生徒がいたらできるまで指導する。知識を教えるとはそういうことです。

いまの学校で教えている知識は、自動車の運転と同じくらい、いやそれよりも重要ではないのでしょうか？

現代社会をつくり上げている重要な知識を取得することもなく、不要な劣等感だけを抱かされて自動的に卒業させられてしまう——。こうしたナンセンスな学年制はやめて、個々人の能力、進度に応じた能力制への転換が求められます。

能力制といっても、学力順に1番、2番、3番……と順位を付けて、クラスを分けるのではこれまでと同じです。

そうではなく、この社会をつくっているさまざまな領域の知識の習得度を科学的に測定できるきちんとした測定法を開発し、それに関して、年齢にかかわりなく、どの程度の水準までその人が習得しているかを教育の程度とみなす、一種の検定テストに根差した教育制度をつくってみてはどうでしょうか。

この検定テストの形式は、英語で行われているＴＯＥＦＬやＴＯＥＩＣをイメージするとわかりやすいと思います。これらＥＴＳ（Educational Testing Service）が開発し提供している英語リテラシーのテストは、項目反応理論という心理測定の高度な統計学的手法をもとに、個々のテスト項目が測る潜在的な能力のレベルを推定し、項目の組み合わせが変わっても一定の信頼できる得点を出すことができます。ですから同じ時期に受けた異なるＴＯＥＦＬの得点はほとんど変わりませんし、ＴＯＥＦＬとＴＯＥＩＣの得点換算もかなり正確です。つまり英語の理解能力と運用能力という目に見えない抽象的な「力」を、客観的・具体的に測定しているのです。このようなテストの開発には、たくさんの適切な問題の作成、膨大なデータの収集とその統計的な分析研究に相当な労力がつぎ込まれています。もちろんそれですら、ＴＯＥＦＬやＴＯＥＩＣの点数が実社会における英語の運用能力を完全に表しているわけではありません。しかしどの程度、英語を使えるかどうかの現実的な指標にはなります。

これは世界的にある程度権威あるものですので、どの国で測られてもＴＯＥＦＬの点数は世界中で通用します。そのため大学などの入学資格の情報として、入学試験と同等、あるいはそれ以上に使われています。

これと同じようなテストを、この社会をつくり上げている多様な知識の理解と運用についてつくり上げるのです。その種類は、学校で教わる教科、たとえば物理、化学、生物、医学など科学の諸分野や数学、歴史、経済、法律、文学、芸術、情報、さらには営業、経理、接客マナーや調理、安全管理、メディアリテラシー、行政など職能域も、検定テストになりえるでしょう。

ここで大事なことはテストの生態学的妥当性と十全性です。

生態学的妥当性とは、そのテストのために学習することは、ただテストのためのテスト勉強ではなく、そのテストのために学んだ知識や技能が、生の社会や人生のなかで本当に使われるようなテストであることです。あるいはその領域の知識をきちんと使って生きている人から見て、そのテストはその知識の理解や運用がまさにリアリティがあるようなテストだということです。

また十全性とは、そのテストで満点を取れれば、その文化領域について、みんなが共有すべき必要にしてとりあえず人並みに十分な知識が獲得されていることを保証できているということです。「人並みに」の十全性という所がミソです。それはその知識領域の最高ランクを狙うコンテストではなく、あくまでも検定テストです。知識そのものは生きている限り学び続け、洗練させ、それによってローカルな（そして場合によってはグローバルな）それぞれの社会の問題を解決できるように利用されねばなりません。その使われ方は個人によって異なり、またわざわざテストで測られなくとも、実際にその知識を用いて人々に貢献できているという点で、あるいは自分自身の人生を豊かにできているという点で、もはやきちんと使われているといえるでしょう。テストはそこにたどり着くまでの必要条件を満たしていることの確認でよいのです。それが十全性とここで呼ぶ基準です。

検定テストは、年齢を問わず、何回でも受けられるようにしなければなりません。その時の得点は、あくまでもその時の実質的な水準の指標です。それを学習の深度の目安、メルクマールにすればよい。テストの結果を見て、自分の得意分野を知ることができますし、これからどんな分野の知識を身につければよいかも把握することができるわけです。大事なことはテストの点を取ること自体でなく、学習し、その学習で得た知識を実際の人生の中で使うことの方であることを見失ってはなりません。

ここまで述べてきたように、遺伝子は親からランダムに受け継がれ、遺伝的な素質も経験で発現するかはランダムです。10代で学校の勉強が全般的にできるようになる人もいれば、仕事をして始めて知識欲に目覚める人だっています。本人が必要を感じたときに、いつでも教育機関に戻って学習できる仕組みが整っていれば、才能を伸ばせる可能性は高まるでしょう。

なお検定テストはオフィシャルで権威のあるものでなければなりません。これもTOEFLやTOEICと同じです。これをつくったETSは国家機構ではありませんが、国際的に信用されている権威のあるテストです。誤解されることがしばしばありますが、教育によって学ばれる知識はオフィシャルなもの、つまり共同体の成員で責任を持って共有されるものでなければなりません。決してプライベートなものであってはならないのです。プライベートでいいなら、自分で自己流に好きに学べばよい。

ヒト以外のあらゆる動物は、知識をプライベートに学んでおり、教育を必要としません。ヒトという動物が、言語をはじめとしたわざわざ他人に知識を教える能力を進化的に獲得したのは、教えられる知識が個人にとどまらない公的性格を持ったものだからに他なりません。だからこそ、権威をもって他者に教える責任があるのです。

教育における「権威」が、上からの押しつけだとか、学習者の自発性を損ねるなどの理由で忌み嫌われ、教育の世界から排除されねばならないもののように扱われるようになって久しいですが、それが知識の公共性という性質を忘れ、知識を教えることへの公的責任の放棄を意味することにどうして気づかないのでしょう。そのときの権威の主体は、国家でも共同体でもありません。そういう抽象的なエージェントではなく、生徒にとっての教師、子どもにとっての親、教わる人に対する教える人が権威の主体です。そのときの親、教師役はすでにオフィシャルな存在なのです。

学年制から能力制への転換を行うには、かなりの年数がかかると予想されますが、さまざまな分野の共通テストをつくることはそれほど困難ではありません。人間の持っている能力は単純に一元化できるものばかりではありませんが、できるものについては積極的に定量化を行っていくべきです。

小学校から中学校あるいは高校までの9年間、12年間かけて授業を受けても、たいていの人はそれがほぼ何の血肉にもなっていません。それならば、一生の間に自分に適したタイミングで、学べるようにすればいい。「それでいい」という空気が世間に広まってくれれば、受験や就職における学歴偏重の状況をずいぶん改善できるのではないでしょうか。

生存戦略を考える
――「好き」や「得意」がない人はどうすればいいのか?

教育改革について私の持論を述べましたが、それでも納得できない人は多いでしょう。

「どの科目の勉強も理解できなくて、当然成績も悪い。好きなことや得意なこともない。社会がキッザニア化していないのに、そんな人間はどうすればいいんだ？」と。

成績が悪いというのは、一種の「シグナル」だと私は考えています。

あらゆる生命は、経済的合理性にしたがい、自分の持っている有限のリソース（資源）を配分して生き延びようとするものです。自分の体力や感覚もリソースですし、自分が住む土地の地理や気候、あるいはかけられる時間やお金もリソースといえます。これらはすべて「有限」です。遺伝的才能も有限なのです。

人間がこの社会で生きていくのも同じこと。自分の持つ有限のリソースをできるだけうまく使い、周りの環境に適応して生きているのです。

ところが学校の教育では、こうした生物としての前提が無視されリソースが無限大に見積られています。その人によって遺伝的な素質も違えば、時間やお金の制約があるにもかかわらず、中学校や高校の卒業までにカリキュラムを無理やり一通り学ばせて一人前に仕立て上げようとするのです。

ロールプレイングゲームで例えてみると、これがいかに無茶なことかがよくわかります。ゲームを始める際のキャラクターメイキングで、主人公には体力や魔力などの能力値がランダムで割り当てられるとします。経験を積めばそれなりに各能力は向上するにしても、時間やお金が限られているのであれば、すべての能力値を最大にすることはできません。体力や戦闘力が高いなら戦士にするとか、魔力が強いなら魔法使いにするとか、そういうリソースの最適配分を考えるはずでしょう。

つまり、何をどうしても成績が悪いというシグナルが出ているのであれば、あなたにはその分野の才能がない、あるいは適切な環境と出会っていないために発現していない。だから時間やお金といったリソースを別のことに振り向けて生存を図るべきではないでしょうか。

いまの教育の現場には、「勉強をしなくてもいい」というメッセージを出す仕組みがなく、教育学にも勉強しなくてよいことを正当化する理論がありません。それがあらゆる「良いこと」を教育に取り込み、『千と千尋の神隠し』の「カオナシ」のように教育を肥大化させている元凶でしょう。教育の名のもとにすべては「良いこと」とされますから、その肥大化をもはや誰も止めようがないわけです。しかし素質が「ない」ことに無理にリソースをつぎ込むより、別のことにリソースをつぎ込んだ方がよほど合理的です。さもないと落ちこぼれという烙印を押して劣等感を植え付けるだけになってしまいます。素質がないことに気づくこともまた素質の発見なのです。

顔の見える規模のコミュニティで、仕事を探す

「好き」や「得意」の見つけ方を定式化することなどできませんが、人間も動物である以上、環境に適応して生き延びるために能力を発現させます。

では、どういう環境が好ましいと考えられるのか？

いまの社会において、自分の置かれた環境に完全に満足している人はそれほど多くないでしょう。理由の1つは、日本全体あるいはグローバルにおける自分の立ち位置が可視化されるようになってきたからかもしれません。

大学の偏差値はいくつ、世界ランキングで何位、勤めている会社の年収ランキングは何位、付き合っている彼氏彼女はテレビに出ているアイドルと比べてどれくらいイケているのか、ソーシャルメディアのフォロワーは何人いるのか……。

安定した関係を築けるというダンバー数（100人から230人程度）をはるかに超えた人々と、私たちは日々つながり、その中での自分の立ち位置を確かめては優越感を感じたり、劣等感を感じたりしています。全員がチャンピオンになれるわけがないし、なる必要もないのに、世界ランキングを見て一喜一憂しています。そしてどのランキングにも自分は入れな

いと思わされてしまう。しかし人間はもともともっとローカルなコミュニティで自分を活かして生きるようにできているのです。

それは大企業のような大きな組織ではなく、数十人から100人程度、それこそダンバー数に収まるコミュニティです。町工場だったり、チェーン店ではない中堅の飲食店、活気のある商店街にある何かの店、農村や漁村といったところが該当するかもしれせん。要するに、どういう人間かお互いが把握しており、リアルな仕事の存在する、そこそこの規模の（なおかつ経済的にもうまく回っている）コミュニティということです。考えてみれば、何千人の大企業であってすら、実際に仕事をする仲間はその程度の数ではないでしょうか。

そういう場において、周りの人と協力しながらできる仕事を、多少嫌でも我慢して何年かする。古くさく聞こえるかもしれませんが、「石の上にも3年」というのは、意味のある格言ではあります。そこでいろいろな仕事をまかされ、いろいろな人とのつながりができる中で、徐々に手ごたえが感じられるようになる。それが才能です。

堀江貴文氏は下積みや修行を重んじる考え方は間違っているという趣旨の発言をして、議論を呼びました（http://weblog.horiemon.com/100blog/33593/）。「寿司アカデミーで数ヶ月でノウハウを学べばいい」、「センスがある人は独学で学べる」という彼の意見はもっともではあります。私が検定テスト制度をもっと普及させ、それに沿った教育システムを考えるのも、それに近いイメージはあります。数カ月で技術を身につける器用さや「センス」といった才能がある人に、人並みレベルの知識や技能まで「技は盗め」と下積みや修行を儀式的に行わせる必要はないわけです。実際に寿司職人の修行を数カ月やってみて才能を自分の中に見出したのであれば、さっさと海外に出るなりして店を立ち上げるのもよいでしょう。

しかしそれは仕事のはじまりにすぎません。寿司職人に求められているのは、必ずしも寿司を握るスキルだけではないようです。有名な寿司屋の板前さんがおっしゃっていたのは、「寿司を握ることができるようになってからがむずかしい、寿司を握りながらお客さんと気の利いた会話をしたり、店をトータルでプロデュースしたり、複数の職人をマネジメントするといったことも、きわめて重要な仕事だ」ということでした。寿司店に限らず、仕事はたくさんの要素から構成されていますから、突出した才能を持たない人が他と比較して優位性のあるレベルにまで技能を高めるためには、やはり数年単位の時間が必要になってくると思われます。

絶対優位と比較優位

さて、私が「そこそこの規模の」コミュニティといったことには理由があります。キーワードとなるのは、「絶対優位」と「比較優位」。どちらも経済学の用語です。

これはもともと19世紀初頭の経済学者リカードの概念ですが、ノーベル経済学賞を受賞した経済学者のポール・サミュエルソンは、弁護士と秘書の比喩を使ってこれらの概念を次のように説明しました。

有能な弁護士Aは、弁護士の仕事に加えて、タイプを打つのも得意です。彼の秘書Bは、弁護士の仕事はできず、タイプもAに劣ります。AはBに対していずれのスキルについても絶対優位にあるわけですが、タイプも得意だからといってAがタイプをすると、高額な弁護士報酬を逃すことになります。Aが弁護士の仕事に専念し、Bがタイプすることで、両者は最も利益を上げられます。この場合、Bのタイプのスキルは比較優位にあるといえます。

最適な仕事を選ぶ基準とは、「得意」か「好き」のどちらかです（もちろん好きで得意なことができれば一番よいのはいうまでもありませんが）。

「得意」とは絶対優位のこと。誰よりもよくできること、日本一、世界一の水準に達しているようなことです。もしもそれが自分にとってはつまらないことでも、誰と比較しても優位な能力を持っているのであれば、それで世の中に貢献することができます。しかしそんなものを持っている人はごくごく一部です。

絶対優位にある「得意」なことがないとき、あなたの中で「好き」なことを選ぶ。あなたがこれまで生きてきた経験から、あなたのしてきたこと、できること、しなければならないことのうち、あなたの中で一番「好き」だと感じていること、それが比較優位です。それを絶対的な基準でもっとうまくこなす人はいるでしょう。しかしそんなことにはお構いなく、比較優位の能力としてやはり貢献することができます。

あなたにとっての比較優位は「ローカルな絶対優位」になりえます。

全国レベルの絶対優位ではないにしても、職場や家庭などローカルなコミュニティにおいて、一番の才能というものは結構あるものです。職場の中で一番几帳面に計算できる、部屋の整理整頓が上手、人を和ませる、宴会を盛り上げるのがうまい等々。

グローバル化し世界中すべてがつながった社会、巨大資本に物をいわせた大企業が世界に君臨する現代社会でも、そこで働く人たちが実際にかかわっているのは「そこそこの規模のコミュニティ」です。それがあれば、人はその中でローカルな絶対優位の能力を発現させ、自信を持って仕事をしていくことができます。

私たちの社会は、社会の隅々にまで張り巡らされたローカルな力のネットワークによって支えられており、そのなかで一人ひとりがローカルな優位性を発揮している……。この見方は世の中を理想化しすぎていると思われるかもしれません。しかしこれは理想化どころか、むしろヒトという種のもつ生物学的な意味での実態だと思います。このことがきちんと評価されないと感じた人々が、歴史に革命をもたらしました。ローマ法制定しかり、市民革命しかり、一揆や打ちこわししかり、民権運動しかり。アメリカ大統領選でのトランプ当選もそうなのかもしれません。

さらに私が考えているのは「潜在優位」です。いまはまだ実現された絶対優位でも比較優位でもなく、ひょっとしたら取り組んでもいないけれど、将来できそうだ、いつかやってみたい、これをやらずに死にたくない、その実現のために、いまちょっとばかりの労力をかける気持ちになれそうな、そういう能力や知識や技能のありかのことです。この世の無限ともいうべき仕事の中で、そんな特定のものが心に芽生えただけでも、これは才能の兆候としての優位性がある。そうは思っても、どうせできそうもないや、ほかにすごい人がすでにたくさんいる、自分なんてその程度なんだ……、と思って「平凡」な自分に甘んじる前に、それこそが自分の人生を自分のものにする入口だと考えられないでしょうか。

遺伝を受け入れた社会
——新しい技術によって、社会の求める才能は多様化する

急速に進む技術の進歩が社会の求める才能を多様化する、そう私は期待しています。

確かに現代の知識社会において、一般知能の高い人間が高い社会階層へ進みやすいのは確

かでしょうし、その傾向が今後も進むとは思いますが、一方で従来にはなかった仕事も次々と現れてきています。

例えば、YouTubeなどの動画サービスを使って、個人でコンテンツを配信することは20年前には考えられませんでした。

マッチングサイトによって、才能を活かせる機会も拡大しています。例えば、KitchHikeという、料理をつくる人と食べる人をマッチングするサービスがあります。プロ並みとはいかなくても料理や人をもてなすのが得意な人が、レストラン経営というリスクを取らなくてもサービスを提供できるわけです。中には障害を持った人でも活躍している人がいます。自閉症特有の、1つのことへのこだわりをうまく生かした仕事をしている人もいます。その障害の比較優位をローカルな絶対優位、場合によっては本当の絶対優位にまで増幅することも可能なのです。

従来であれば、特殊なマネタイズ能力を備えた人が会社経営者になり、そうした能力を持たなければ会社に雇われるというのが一般的でした。何らかの才能があっても、それだけで食べていくことは難しかったのです。現在は、マッチングサイトやアフィリエイトなど、マネタイズの手段が増えてきたことにより、会社経営のような能力を持っていない人でも自分の才能を活かす機会が増えてきています。

それは一人だけでできるものではありません。その人の比較優位をローカルな絶対優位にするためには、そのローカルな人たちの理解と協力、そのためのシステムづくりが必要不可欠です。

話題の人工知能も、社会に大きな影響を与える可能性があるでしょう。人工知能によって、論理的な推論能力や外国語の翻訳能力の生身の人間への需要はいまよりも低くなるかもしれませんが、どういうデータを人工知能に与えるのがよいかを考えたり、悩める人工知能の相談に乗るといった仕事が生まれてくることもありえます。

第2章で私は、「どんな能力も社会的に認知されて初めて『能力』として定義される」と述べました。

知能や運動能力など、人の備える能力のほとんどは50％程度の遺伝率があり、いずれも成績を並べれば正規分布を描くことがわかっています。これまでは社会的に認知されていなかった能力も、テストをつくって測定すればやはり正規分布となるでしょう。

どんな能力についても遺伝による差が生じることは避けられませんが、評価する基準軸が多様化すれば人々の幸福度は向上すると考えられるでしょう。

制度による保障は必要

イノベイティブな技術が登場することで、多様な才能が社会で活用されるようになるとは思いますが、その一方、職業の賞味期間が短くなり、不安定性が増していることにも注意する必要があります。

30年前であれば、家電のエンジニアとして働き始めた人は、そのまま定年退職するまで働くことができたでしょう。けれど現在の家電を開発するには電気回路だけでなく、半導体やソフトウェア、ネットワークの知識も必要ですし、家電という事業分野が丸ごと消えてしまうことも珍しくありません。

マネタイズの手段が多様化しているとはいっても、安定してずっと稼いでいける職業はそれほど多くはないのかもしれません。

もう1つ、遺伝にまつわる見逃してはならない非常に本質的な問題があります。

能力が発現するにはそれが社会的に認知されることが必要ですが、いまの世の中で、社会的に認められる能力を備えていない、そういう人も一定数必ず存在します。「世界に一つだけの花」という歌がありますが、すべての人が花になれるとは限らないのです。「みんなが同じように輝けますよ」というのは欺瞞《ぎまん》でしょう。社会における評価基準が多様化してこれまでになかった才能が見出されるようになったとしても不遇な人は常にいる、それは絶対に忘れてはなりません。

自己責任論を声高に主張する人もいますが、人の能力の半分は遺伝、残り半分は非共有環境によって形づくられていることを改めて思い起こしてください。どんな遺伝子を持って生まれてくるか、そしてどんな環境に出会うかも、すべては「運」なのですから。

個人の努力を超えた問題に関しては、やはり社会保障の仕組みをつくって対応することが不可欠です。例えば、近年世界的に注目されるようになった「ベーシックインカム」のような制度は検討に値するでしょう。ベーシックインカムとは、あらゆる個人に対して、国が毎月一定額のお金を給付するという制度です。年金も含めてベーシックインカムに一本化することにより、行政のシンプル化を図れるともいわれています。仮にこうした制度が導入されるとすれば、「すべて国民は、健康で文化的な最低限度の生活を営む権利を有する」という日本国憲法第25条が本当の意味で実現されることになるわけです。

いまの社会では、マネタイズも含めた才能を発揮するか、誰かに運良く雇われるかしないと、生きていけません。何らかの素質を潜在的に持っていたとしても、それを発揮するチャンスは限られています。自分の持っている遺伝的な素質とはまったく適応しない環境の中で無理やり働き、それでも月に10万円を稼ぐこともままならない、そんな理不尽な状況はやはり許されるべきではないと考えます。社会保障が充実すれば、先述した「そこそこの規模のコミュニティ」も維持しやすくなるでしょうし、各人の才能を活かせる機会は増えるでしょう。

ベーシックインカムを実際に導入した政府は世界のどこにもまだ存在せず、財源も含めてはたしてこうした制度がうまくいくかどうかはまだ誰にもわかりません。ベーシックインカム的な制度に対する大きな批判の1つとして、「ほとんどの人が働かなくなって、制度にただ乗りするフリーライダーになる」というものがありますが、この点について私は楽観的です。

ホモ・サピエンスはじっとしていられない

いかなる生物も、環境に適応し、努力しなければ生きていくことはできません。

では、人間は最低限の衣食住が保障されたら、何もしなくなるのでしょうか？

ある程度の割合でそういう人も出てくるでしょうが、多数派にはならないと思われます。生きる上でのお金の心配がなくなったとしても、格差がなくなるわけではありません。何もしない人よりも、あれこれ活動している人の方が社会的な評価は高まります。目の前にそのような能力の勾配があれば、個々人が幸福感を高めるためにも、結局は「好きなこと」、「得意なこと」で評価を得ようとすることになるはずです。

どうやら私たちホモ・サピエンスは、じっとしていられず、変化を求める生き物らしいのです。

35万年前に登場し2万数千年前に絶滅した、ヒトの近縁種、ホモ・ネアンデルターレンシス、いわゆるネアンデルタール人。なぜネアンデルタール人は滅びて、私たちホモ・サピエンスは生き残ったのでしょうか？

ネアンデルタール人は、ホモ・サピエンスに匹敵する知的能力を持っていたといわれます。脳容量だけを見れば、ネアンデルタール人の男性平均は1600㎤であるのに対し、ホモ・サピエンスの男性平均は1450㎤と、ネアンデルタール人の方が上回っています。彼らとわれわれの先祖が同居していた時代の石器を見ると、その違いはほとんどなく、専門家でも区別できないといいます。

その一方、ネアンデルタール人は身体が大きく、生命を維持するためにホモ・サピエンスの倍のカロリーを維持する必要があり、それが不利に働いたと推測する研究者もいます。多くの獲物を早く捕れるようになるため、ネアンデルタール人の成長速度は速く、子ども期が短かったようです。

彼らの文化を見てみると、ホモ・サピエンスと大きく異なる点がありました。ネアンデルタール人や彼らと同時代のホモ・サピエンスが石器をつくるのに用いていた技法は、ルヴァロワ技法と呼ばれます。ルヴァロワ技法では、材料となる石の周囲を割って形を整えてから、端っこを叩いて割り、鋭い形状の剥片をつくります。ネアンデルタール人は20万年の間、技法を進化させることなく、同じような石器をつくり続けました。

しかし、ホモ・サピエンスの石器はそのあとどんどん形が変わっていき、用途が分化したり、芸術的な要素を持つようになりました。やがて石器に留まらず、青銅器や鉄器を作るようになり、スーパーコンピュータまでつくってしまったわけです。

この違いは何なのでしょうか？

ここからは私の推測というか空想になるのですが、ネアンデルタール人とホモ・サピエンスでは、脳のワーキングメモリーが違ったのではないか、それが両者に大きな知的能力の差を生んだのではないかと考えられます。ワーキングメモリーとは同時に処理できる概念の数を示しています。

チンパンジーのワーキングメモリーは基本的に1つで、同時に1つのことしか考えられません。道具をとりあえずつくることもできるし、他者のやっていることをある程度真似ることもできますが、2つの概念を結びつけて考えることができません。

ネアンデルタール人はチンパンジーよりもずっと複雑な概念を扱え、ワーキングメモリーは2つあったと推測されます。ネアンデルタール人には死者を埋葬するという文化がありました。ワーキングメモリーが1つだけなら目の前で死んでいる存在をどう処理するかしか考えられませんが、2つあることで霊魂のような概念を想定することができたわけです。

ネアンデルタール人が石器をつくるのに使ったルヴァロワ技法もなかなか高度であり、いまの私たちが教えられても一朝一夕では習得できません。彼らは手元にある石と、その完成形の2つを同時にイメージすることができたからこそ、高度な石器をつくれたのでしょう。

しかし、ホモ・サピエンスは、目の前の石とその完成形に加えて、これを応用したらどうなるかということまで考えることができます。これはワーキングメモリーが3つ以上ないと不可能と思われます。

「太郎は花子が好きだ」という文章は、ワーキングメモリーが1つでも理解できます。これが「『太郎は花子が好きだ』と次郎がいっていたよ」、「『太郎は花子が好きだ』と次郎が言っていたと、三郎は聞いたそうだよ」と複雑になるほど、必要なワーキングメモリーは増えていきます。人間（ホモ・サピエンス）の子どもは、言葉を話し始めた頃はワーキングメモリーが1つしかありませんが、すぐに3つくらいになります。

ネアンデルタール人のワーキングメモリーが2つなのかどうか確実なことはいえませんが、

チンパンジーのようにワーキングメモリーが1つの動物と、3つ以上のホモ・サピエンスの間には、中間の存在がいたのではないかと私は考えています。エネルギー消費が少なくて自分のことだけを考えていればすむワーキングメモリー1つか、複雑な概念を扱える3つ以上かの、どちらかが生存する上で有利だったのかもしれません。

ワーキングメモリーを3つ以上持っていることで、人間は新しい概念を次々に思い付くことができ、さらに自分の知識を他者に教える「教育」が可能になりました。

チンパンジーも子どもに何かを教えているように見えますが、詳しく調べてみると、チンパンジーの親は自分で勝手に動作をやってみせるだけで、子どもが真似できるようにゆっくり動いてみたりだとか、相手の理解度を確認するといった行為は行っていません。チンパンジーはいってみれば、自分にしか関心が向いていないのです。

いま手元にあるものだけでなく、存在しないものまで空想する。それを他者に伝える。そのためには、いまやっていること、相手のこと、そして相手に知識を伝えようとする自分、の最低3つのことがらを同時に処理しなければ、教育はできないわけです。それがワーキングメモリー2では、できなかったのではないかと思うのです。

一方、ほとんどの人間はワーキングメモリーを3つ持てたことで、人に教えないではいられなかった、そして他人から教わりたくて仕方がなかったからこそ、私たちは今日のようRE

文明を築いてきたのではないでしょうか。

かわいい子には旅をさせよ、そして自分も

繰り返しになりますが、知能を含め、人間のあらゆる能力は半分程度が遺伝によって規定されています。現在の知識社会において、知能が特に重視され、それが社会階層や収入とも大きく関わっているのは確かでしょう。

しかし、それを以て「遺伝だから仕方がない」と諦めるのは早計です。私たちの社会を構成している無数の才能の、豊潤な可能性を見逃してしまいます。

あらゆる能力が遺伝することをきちんと認め、多彩な才能を評価する文化をみなでつくり上げていく。小規模なコミュニティを維持、活性化できる社会的な制度をつくる。そうした取り組みによって、遺伝的な素質が発現する可能性は大きく高まります。

素質を高められる環境を探求し、適応し、生存する。そして旅をしながら私たちは、「本当の自分」になっていくのです。

「かわいい子には旅をさせよ」といいますが、それは大人も同じ。私たちはみな死ぬまで旅をし続けるのです。

あとがき

２０１６年4月に橘玲氏の出された『言ってはいけない　残酷すぎる真実』（新潮新書）が30万部を超すベストセラーとなりました。

これには驚きと当惑の気持ちを隠せませんでした。なにしろ私たちが長年取り組み、それなりに世の中に発信してきたつもりなのに、ほとんど届いていないと感じていた行動遺伝学のメッセージが、こんな形で取り上げられ、地方の小さな書店でも平積みにされ、電車の中吊り広告にもなるような扱いになっているのですから。しかも私の書いた本がエビデンスとして紹介されています。

善人ぶっても仕方がありませんので正直に白状しますが、この本はそのベストセラーに便乗した本です。橘氏とは昔も今も全く面識がありませんので、もしお読みになられたら、行動遺伝学の成果（の一部）を世に知らしめてくださったことへの感謝と、そこまで偽悪的に書かなくてもいいのに……という当惑の気持ちを、この場を借りてお伝えいたします。お気づきになられていると思いますが、「まえがき」は橘さんの本のまえがきのパロディです。

便乗出版しなければならない企画だったので、急いで書き上げる必要がありました。ですので、ライターの山路達也さんにご協力いただきました。山路さんご自身がＩＴはじめ現代社会の最先端技術に関する著書をたくさん出版されている作家ですので、ＳＢクリエイティブ株式会社の編集者、依田さんと三人の10時間以上に及ぶ聞き取り、というよりディスカッションはとてもクリエィティヴで刺激的でした。おかげで、これまで漠然と思っていながら文字にできていなかったことまで一気に語ってしまい、それがそのまま活字になった部分も少なくありません。

もちろん出てきた原稿には大幅な加筆修正を加えましたが、その作業も一人だけで執筆したときには味わえない面白さがありました。ここに書かれた中身の責任のすべては私にあります。山路さん、依田さんにも心からお礼申し上げます。

そんな経緯で出版させていただく本ですが、やはり最も重視したのは、この本自体のオリジナルの情報と意義です。ですから決して便乗に堕したつもりはありません。これまでに出版させていただいた本の内容と重複する部分が出てきてしまうのは、この本で初めて行動遺伝学について知っていただく方も少なくないことを考えると仕方がありませんでした。しか

し遺伝と教育とのかかわりを前著以上に考えたい——それはその後の私自身の研究の展開で

もあります——と、その部分を膨らませました。新しいエビデンスもできるだけ紹介しよう

と努めました。

未熟だと自分でも思うところは多々ありますが、現時点での行動遺伝学の紹介と、それをふまえた教育と社会に関する論考の里程標として、本書を上梓させていただけることをありがたく思っています。

本書を書き上げるにあたり、双生児プロジェクトを長年にわたり支えてくれてきた共同研究者やスタッフのみなさん、プロジェクトに協力いただいている多数の双生児とそのご家族のみなさん、教育について日ごろからざっくばらんにディスカッションしてくれる大学の同僚たち、そして人生を共に語らいながら歩んでくれている妻・敬恵に心より感謝いたします。

2016年11月

安藤寿康

参考・引用文献（出現順）

■第1章

Burt, C.L. (1955) The evidence for the concept of intelligence. British Journal of Educational Psychology, 25, 158-177.

Burt, C.L. (1966). "The genetic determination of differences in intelligence: A study of monozygotic twins reared together and apart. British Journal of Psychology, 57, 137-153.

Conway, J.(1958) The inheritance of intelligence and its social implications. Statistical Psychology, 12, 5-14.

Joynson, R.B. (1989). The Burt Affair. New York: Routledge

Fletcher, R. (1991). Science, Ideology, and the Media. New Brunswick, N.J.: Transaction

リチャード・J・ヘアンスタイン（岩井勇児訳）（１９７５）『ＩＱと競争社会』 黎明書房

Herrnstein,R.J & Murray, D. (1994) The Bell Curve:Intelligence and class structure in America Life. The Free Press

スティーヴン・J・グールド（鈴木善次・森脇靖子訳）（１９９８）『人間の測りまちがい――差別の科学史』 河出書房新社

橘玲（２０１６）『言ってはいけない――残酷すぎる真実』 新潮新書

■第2章

ハワード・ガードナー（松村暢隆訳）（２００１） ＭＩ――個性を生かす多重知能の理論 紀伊國屋書店

Spearman, C. (1904) "General Intelligence," Objectively determined and measured. The American Journal of Psychology, 15(2), 201-292.

Boring, E.G. (1923) Intelligence as the tests test it. New Republic, 36, 35-37.

Jung, R.E. & Haier, R.J. (2007) The Parieto-Frontal Integration Theory (P-FIT) of intelligence: converging neuroimaging evidence. Behavior and Brain Science, 30(2):135-54.

■第3章

安藤寿康（２０００） 心はどのように遺伝するか――双生児が語る新しい遺伝観　講談社ブルーバックス

安藤寿康（２０１１） 遺伝マインド――遺伝子が織り成す行動と文化　有斐閣

安藤寿康（２０１２） 遺伝子の不都合な真実――すべての能力は遺伝である　ちくま新書

安藤寿康（２０１４） 遺伝と環境の心理学――人間行動遺伝学入門　培風館

Loesch, D. & Świątkowska. S. (1978) Dermatoglyphic total patterns on palms, finger-tips and soles in twins. Annals of Human Biology, 5 (5), 409-419.

Dubois, L., Ohm Kyvik, K., Girard, M/, Tatone-Tokuda, F., Pérusse, D., Hjelmborg, J., Skytthe, A., Rasmussen, F., Wright, M.J., Lichtenstein, P., & Martin,N.G. (2012) Genetic and environmental contributions to weight, height, and BMI from birth to 19 years of age: an international study of over 12,000 twin pairs. PLoS One. 7(2):e30153.

Chipuer, H.M., Rovine, M.J., & Plomin, R. (1990) LISREL Modeling; Genetic and environmental influences on IQ revisited. Intelligence, 14(1), 11-29.

Haworth, C.M.A., Wright, M.J., Luciano, M., Martin, N.G., et al. (2010). The heritability of general cognitive ability increases linearly from childhood to young adulthood. Molecular Psychiatry, 15, 1112-1120.

Kovas, Y., Haworth, C.M., Dale, P.S., & Plomin, R. (2007) The genetic and environmental origins of learning abilities and disabilities in the early school years. Monographs of the Society for Research in Child Development,72(3),VII, 1-144.

Shikishima C, Ando J, Ono Y, Toda T, Yoshimura K (2006) Registry of adolescent and young adult twins in the Tokyo area. Twin Research and Human Genetics,9, 811-816

Vinkhuyzen, A.A. van der Sluis,S., Danielle Posthuma,D., & Boomsma, D.I. (2009) The heritability of aptitude and exceptional talent across different domains in adolescents and young adults. Behavioral Genetics, 390, 380-392.

Sullivan, P.F., Kendler, K.S., & Neale, M.C. (2003) Schizophrenia as a complex trait evidence from a meta-analysis of twin studies. Archives of Genetic Psychiatry. 60,1187-1192

Ronald, A., Happé, F., & Plomin, R. (2008) A twin study investigating the genetic and environmental aetiologies of parent, teacher and child ratings of autistic-like traits and their overlap. European Child & Adolescent Psychiatry, 17(8), 473-483.

Thapar, A.,Harrington, R., Ross, K., McGuffin, P. (2000) Does the definition of ADHD affect heritability? Journal of the American Academy of Child & Adolescent Psychiatry, 39(12), 1528-1536.

Ono Y, Ando J, Onoda N, Yoshimura K, Momose T, Hirano M, Kanba S (2002) Dimensions of temperament as vulnerability factors in depression. Molecular Psychiatry, 7, 948-953

Kendler, K.S., Prescott, C.A., Neale, M.C.. Pedersen, N.L. (1997) Temperance board registration for alcohol abuse in a national sample of Swedish male twins, born 1902–1949. Archives of General Psychiatry, 54(2), 178-184.

Maes, H.H., Neale, M.C., Kendler, K.S., Martin, N.G., Heath, A.C., Eaves, L.J. (2006) Genetic and Cultural Transmission of Smoking Initiation: An Extended Twin Kinship Model. Behavior Genetics, 36(6), 795-808.

Young, S.E., Soo H. R., Stallings, M. C., Corley, R. P. & Hewitt, J.K.. (2006) Genetic and Environmental Vulnerabilities Underlying Adolescent Substance Use and Problem Use: General or Specific? Behavior Genetics, 36(4), 603-615.

Eaves, et al., (2010) The Mediating Effect of Parental Neglect on Adolescent and Young Adult Anti-Sociality: A Longitudinal Study of Twins and Their ParentsBehavioral Genetics, 40, 425-437, 2010

Lyons, M.J., True, W.R., Eisen, S.A., Goldberg, J. et al. (1995) Differential heritability of adult and juvenile antisocial traits. Archives of General Psychiatry, 52(11), 906- 915.

Xian, H., Scherrer, J.F., Slutske, W. S., Shah, K. R., Volberg, R.,Eisen, & Seth A. (2007) Genetic and environmental contributions to pathological gambling symptoms in a 10-year follow-up. ; Twin Research and Human Genetics, 10(1), 174-179.

Turkheimer, E., & Waldron, M. (2000). Nonshared environment: A theoretical, methodological, and quantitative review. Psychological Bulletin, 126, 78–108. doi:10.1037/0033-2909.126.1.78

Hart, S.A., Petrill,S.A., Deater-Deckard, K., & Thompson, L.A. (2007) SES and CHAOS as environmental mediators of cognitive ability: A longitudinal genetic analysis. Intelligence, 35(3), 233–242.

■第４章

Rushton, J.P., Bons, T.A., Ando, J., Hur, Y.M., Irwing, P., Vernon, P.A., Petrides, K.V., & Barbaranelli, C. (2009) A general factor of personality from multitrait-multimethod data and cross-national twins. Twin Research and Human Genetics. 12(4), 356-65.

太田邦史（２０１３） エピゲノムと生命――ＤＮＡだけでない「遺伝」のしくみ 講談社ブルーバックス

ティム・スペクター（野中香方子訳）（２０１４） 双子の遺伝子――「エピジェネティクス」が２人を分ける ダイヤモンド社

Rowe, D.C., Vesterdal, W.J. & Rodgers, J (1998) Herrnstein's syllogism: Genetic and shared environmental influences on IQ, education, and income. Intelligence, 26(4), 405-423.

Björklund,A., Jäntti,M., & Solon, G (2008) Influences of nature and nurture on earnings variation: A report on a study of various sibling types in Sweden. In Bowles,S., Gintis,H., and Osborne,M. (eds.) 〝Unequal Chances: Family Background and Economic Success.〟, pp 145-164. New York: Princeton University Press

Yamagata, S., Nakamuro, M., & Inui, T., (2013) Inequality of opportunity in Japan: A behavioral genetic approach. RIETI Discussion Paper Series, 13-R-097.

Turkheimer,E., Haley, A., Waldron, M., Brian D'Onofrio, B. & Gottesman, I.I. (2003) Socioeconomic status modifies heritability of IQ in young children. Psychological Science, 14(6), 623-628.

DeFries, J. C., Gervais, M. C., and Thomas, E. A. (1978). Response to 30 generations of selection for open-field activity in laboratory mice. Behav. Genet. 8:3–13.

ジェームズ・R・フリン（水田賢政訳）（２０１５） なぜ人類のＩＱは上がり続けているのか？――人種、性別、老化と知能指数 太田出版

Ando, J. (1992) The effects of two EFL (English as a foreign language) teaching approaches studied by the cotwin control method: a comparative study of the communicative and the grammatical approaches. Acta Geneticae Medicae Gemellologie (Roma), 41(4):335-52.

Kovas, Y., et al. (2015) Why children differ in motivation to learn: Insights from over 13,000 twins from 6 countries. Personalilty and Individual Diffrences, 80, 51-63.

ジェームズ・J・ヘックマン（古草秀子訳）（２０１５） 幼児教育の経済学　東洋経済

アンジェラ・ダックワース（神崎朗子訳）（２０１６） やり抜く力――人生のあらゆる成功を決める「究極の能力」を身につける　ダイヤモンド社

Rimfeld, K., Kovas, Y., Dale P.S., Plomin R. (2016) True grit and genetics: Predicting academic achievement from personality. Journal of Personality and Social Psychology, 111(5), 780-789.

ダニエル・グリーンバーグ（大沼安史訳）　世界一素敵な学校――サドベリー・バレー物語　緑風出版

ジュディス・リッチ・ハリス（石田理恵訳）　子育ての大誤解――子どもの性格を決定するものは何か　早川書房

Caspi, A.,Sugden,K., Moffitt, T.E., Taylor, A., Craig, I.W., Harrington, H., mcClay, J., Mill, J., Martin, J., Braithwalte, A. & Poulton, R. (2003) Influence of life stress on depression: Moderation by a polymorphism in the 5-HTT gene. Science, 303, 386-389.

Caspi, A., McClay, J., Moffitt, T.E., Mill, J., Martin, J., Craig, I.W., Taylor, A., & Poulton, R. (2002) Role of genotype in the cycle of violence in maltreated children. Science. 297(5582), 851-854.

■第５章

Sakai,T., Hirata, S., Fuwa, K., Sugama, K., Kusunoki, K., Makishima, H., Eguchi, Y., Yamada, S., Ogihara, N., & Takeshita, H. (2012) Fetal brain development in chimpanzees versus humans. Current Biology, 22(18), 791-792. DOI: http://dx.doi.org/ 10.1016/j.cub.2012.06.062 (http://www.kyoto-u.ac.jp/static/ja/news_data/h/h1/news6/2012/120925_1.htm)

中室牧子（２０１５）「学力」の経済学　ディスカヴァー・トゥエンティワン

Nakamuro, M. and Inui, T. (2012). Estimating the returns to education using a sample of twins: The case of Japan.

RIETI Discussion Paper Series, 12-E-076, 1-26.
Harter, S. (1981) A new self-report scale of intrinsic versus extrinsic orientation in the classroom: Motivational and informational components. Developmental Psychology, 17, 300-312.

■第6章

児美川孝一郎（２０１３） キャリア教育のウソ 筑摩プリマー新書
しみずみえ（２０１６） あそびのじかん――こどもの世界が広がる遊びと大人の関わり方 英治出版
Terashima, H., & Hewlett, B.S. (Eds.) (2016) Social Learning and Innovation in Contemporary Hunter-Gatherers: Evolutionary and Ethnographic Perspectives. Springer

著者略歴

安藤寿康（あんどう・じゅこう）

1958年東京都生まれ。慶應義塾大学文学部卒業後、同大学大学院社会学研究科博士課程修了。現在、慶應義塾大学文学部教授。教育学博士。専門は行動遺伝学、教育心理学。主に双生児法による研究により、遺伝と環境が認知能力やパーソナリティに及ぼす研究を行っている。著書に『遺伝子の不都合な真実』（ちくま新書）、『遺伝マインド』（有斐閣）、『心はどのように遺伝するか』（講談社ブルーバックス）など。

SB新書　370

日本人《にほんじん》の9割《わり》が知《し》らない遺伝《いでん》の真実《しんじつ》

2016年12月15日　初版第1刷発行
2017年1月11日　初版第2刷発行

著　者　安藤寿康《あんどうじゅこう》

発行者　小川 淳

発行所　SBクリエイティブ株式会社
〒106-0032　東京都港区六本木2-4-5
電話：03-5549-1201（営業部）

装　幀　長坂勇司（nagasaka design）

組　版　米山雄基

執筆協力　山路達也

編　集　依田弘作

印刷・製本　大日本印刷株式会社

ISBN 978-4-7973-8974-6